ZIDONGHUA GONGCHENGSHI
CONG RUMEN DAO JINGTONG

自动化工程师从入门到精通

韩雪涛　主编　吴　瑛　韩广兴　副主编

 化学工业出版社

·北京·

本书以自动化工程师行业的岗位要求为依据，结合行业工作要求，对自动化工程师所需掌握的知识和技能进行系统讲解。本书内容分为13部分，包括：电气控制电路基础、常用电子元器件与低压电气部件、常用电气部件的控制关系、基本单元电路、传感器与微处理器控制电路、直流电动机的自动化电气控制、单相交流电动机的自动化电气控制、三相交流电动机的自动化电气控制、机电设备的自动化电气控制、变频器与变频控制、PLC概述、PLC梯形图和语句表、PLC控制技术的应用。

本书采用图解与视频互动的教学模式，读者用手机扫描书中二维码即可观看对应知识点的视频，视频配合图文讲解帮助读者在最短时间内轻松掌握相关知识和技能。

本书可供从事自动化工作的技术人员使用，也可供大中专院校、培训学校相关专业的师生学习使用。

图书在版编目（CIP）数据

自动化工程师从入门到精通 / 韩雪涛主编. —北京：
化学工业出版社，2019.6（2024.11重印）
ISBN 978-7-122-34023-8

Ⅰ.① 自…　Ⅱ.① 韩…　Ⅲ.① 自动化技术-资格考试-
自学参考资料　Ⅳ.① TP2

中国版本图书馆CIP数据核字（2019）第041411号

责任编辑：李军亮　徐卿华　　　　　　　　文字编辑：陈　喆
责任校对：边　涛　　　　　　　　　　　　装帧设计：刘丽华

出版发行：化学工业出版社（北京市东城区青年湖南街13号　邮政编码100011）
印　　装：涿州市般润文化传播有限公司
787mm×1092mm　1/16　印张17½　字数398千字　2024年11月北京第1版第7次印刷

购书咨询：010-64518888　　售后服务：010-64518899
网　　址：http://www.cip.com.cn
凡购买本书，如有缺损质量问题，本社销售中心负责调换。

定　　价：59.00元

近些年，电气工程及自动化控制作为电气信息领域的一项重要技术得到了迅速的发展，无论是家庭生活还是工业生产，电气自动化控制都发挥着越来越重要的作用。而且，随着工业自动化的不断深入，电气自动化领域的就业前景越来越广阔。无论是电气线路安装、维修，还是控制系统的设计、安装、调试，都需要具备电气自动化专业知识和技能的高科技人才。

然而，与传统电工从业人员相比，电气自动化技术人才在专业知识的储备和新技术的应用上都有着较高的要求，不仅需要从业者了解基本的电路知识，同时还要对自动化控制的原理、变频、PLC等专业知识和实用技能有深入的研究。因此，如何能够让初学者在短时间内了解并掌握电气自动化技术的专业知识和技能成为电气自动化培训的关键。

针对上述问题，我们特编写了本书。本书主要介绍电气自动化的专业知识和实操技能。电工电子从业人员可通过本书的学习建立系统的电气自动化知识体系，掌握专业的电工电路、电气控制、变频及PLC等专业知识。

本书以行业标准为依托，注重知识性、系统性、实用性的结合，能在读者从事电气自动化相关工作中真正起到良好的指导作用。

为了确保内容品质，本书由数码维修工程师鉴定指导中心组织编写，由全国电子行业专家韩广兴教授亲自指导，编写人员有行业工程师、高级技师和一线教师，使读者在学习过程中如同有一群专家在身边指导，将学习和实践中需要注意的重点、难点一一化解，大大提升学习效果。另外，本书结合多媒体教学的特点，首先，图书在内容的制作上进行多媒体教学模式的创新，将传统的"读文"学习变为"读图"学习;其次,图书还开创了数字媒体与传统纸质载体交互的全新教学方式,学习者可以通过手机扫描书中的二维码,同步实时学习对应知识点的数字媒体资源。数字媒体教学资源与图书的图文资源相互衔接、相互补充,充分调动学习者的主观能动性,确保学习者在短时间内获得最佳的学习效果。

本书由韩雪涛任主编,吴瑛、韩广兴任副主编,参加本书内容整理工作的还有张丽梅、宋明芳、朱勇、吴玮、吴惠英、张湘萍、高瑞征、韩雪冬、周文静、吴鹏飞、唐秀鸯、王新霞、马梦霞、张义伟。

如果读者在学习和考核认证方面有什么问题,可通过以下方式与我们联系:

数码维修工程师鉴定指导中心

联系电话:022-83718162/83715667/13114807267

E-mail:chinadse@163.com

地址:天津市南开区榕苑路4号天发科技园8-1-401

邮编:300384

编　者

目录
CONTENTS

第1章 01
电气控制电路基础

第2章 02
常用电子元器件与低压电气部件

第3章 03 常用电气部件的控制关系

第4章 04 基本单元电路

第5章 05 传感器与微处理器控制电路

第6章 06 直流电动机的自动化电气控制

第7章 07 单相交流电动机的自动化电气控制

第8章 08 三相交流电动机的自动化电气控制

第9章 09 机电设备的自动化电气控制

第10章 10 变频器与变频控制

第11章 11 PLC概述

第12章 12 PLC梯形图和语句表

第13章 13 PLC控制技术的应用

第①章

电气控制电路基础

1.1

电与磁

1.1.1　电与磁的基本概念

（1）电的基本概念

电荷具有同性相斥、异性相吸的特性，如图1-1所示，当使用带正电的玻璃棒靠近带正电的软木球时，会相互排斥；当使用带负电的橡胶棒靠近带正电的软木球时，会相互吸引。

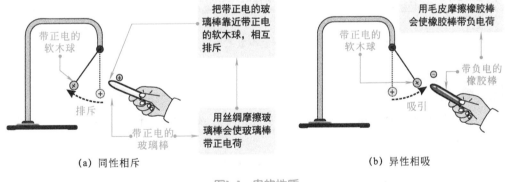

（a）同性相斥　　　　　　　　　　　　　　　（b）异性相吸

图1-1　电的性质

当一个物体与另一物体相互摩擦时，其中一个物体会失去电子而带正电荷，另一个物体会得到电子而带负电荷。这里所说的电叫做静电。其中，带电物体所带电荷的数量叫"电量"，用Q表示，电量的单位是库仑，1库仑约等于6.24×10^{18}个电子所带的电量。

电根据种类及特性的不同可分为直流电和交流电。直流电包括直流电流和直流电压；交流电包括交流电流和交流电压。因此有必要先了解一下电流和电压的概念。

电流大小等于在单位时间内通过导体横截面的电量，称为电流强度，用符号I或$i(t)$表示。图1-2为电流的基本概念和相关知识。

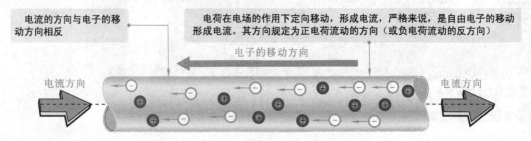

图1-2　电流的基本概念和相关知识

如图1-3所示，电压的大小等于单位正电荷受电场力的作用从A点移动到B点所做的功。电压的方向规定为从高电位指向低电位的方向。

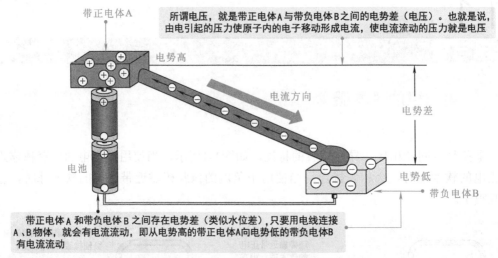

图1-3　电压的基本概念和相关知识

📖 **提示说明**

　　常用的电流单位有微安（μA）、毫安（mA）、安（A）、千安（kA）等，与安培的换算关系为

$$1μA=10^{-6}A, \quad 1mA=10^{-3}A, \quad 1kA=10^{3}A$$

　　电压的国际单位制为伏特（V），常用的单位有微伏（μV）、毫伏（mV）、千伏（kV）等，与伏特的换算关系为

$$1μV=10^{-6}V, \quad 1mV=10^{-3}V, \quad 1kV=10^{3}V$$

　　一般由电池、蓄电瓶等产生的电流为直流，即电流的大小和方向不随时间变化，也就是说，正、负极始终不改变，记为"DC"或"dc"，如图1-4所示。

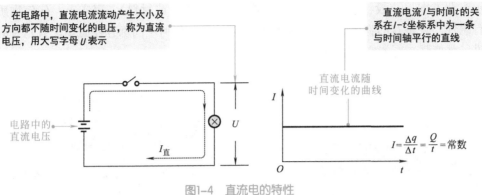

在电路中，直流电流流动产生大小及方向都不随时间变化的电压，称为直流电压，用大写字母U表示

直流电流I与时间t的关系在I-t坐标系中为一条与时间轴平行的直线

电路中的直流电压

$I_\text{直}$

U

直流电流随时间变化的曲线

$I=\dfrac{\Delta q}{\Delta t}=\dfrac{Q}{t}=$常数

图1-4　直流电的特性

交流电的电流大小和方向（即正、负极性）会随时间的变化而变化，用"AC"或"ac"表示，如图1-5所示。

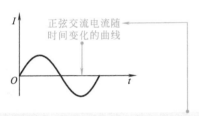

正弦交流电流随时间变化的曲线

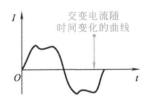

交变电流随时间变化的曲线

一种最为重要的交变电流和交变电压是正弦交流电流和正弦交流电压，其大小及方向均随时间按正弦规律作周期性变化，简称为交流电流和交流电压

一般来说，由交流220V电源供电的电路中流过负载的电流为交流电流，两端电压为交流电压

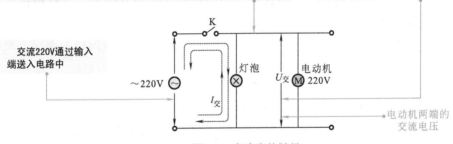

交流220V通过输入端送入电路中

K

灯泡

电动机 220V

$U_\text{交}$

～220V

$I_\text{交}$

电动机两端的交流电压

图1-5　交流电的特性

📖 提示说明

交流电也有交变电流和交变电压两种：交变电流是指电流的大小和方向（即正、负极性）随时间的变化而变化，用"AC"或"ac"表示。交流电又分为交流电源（作为能量源，如照明电灯用的电源）和交流信号（表示一定信息内容的电流或电压）。

交变电流的瞬时值要用小写字母$i(t)$表示；交变电压是指大小和方向随时间变化而变化的电压，瞬时值用小写字母u或$u(t)$表示。

（2）磁的基本概念

如图1-6所示，提起磁，很多人便会想到磁石或磁铁能吸引铁质物体；指南针会自动指示南北方向。一般物质被称为无磁性或非磁性物体（或材料）。事实上，任何物质都具有磁性，只是有的物质磁性强，有的物质磁性弱；任何空间都存在磁场，只是有的空间磁场强度强，有的空间磁场强度弱。

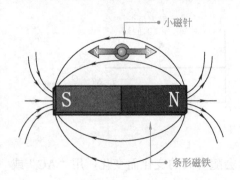

小磁针

条形磁铁

在条形磁铁磁场的作用下，铁质粉末受到磁场作用排列成有规律的图案，有如磁力线在磁极之间的分布状态

图1-6　磁的基本概念

① 磁场　磁场是磁体周围存在的一种特殊物质，磁体间的相互作用力是通过磁场传送的，在线圈、电动机、电磁铁和磁头的磁隙附近都存在磁场。

磁场具有方向性，判断磁场的方向时，可将自由转动的小磁针放在磁场中的某一点，小磁针N极所指的方向即为该点的磁场方向。通常，也可使用指南针确定磁场的方向。

② 磁极和磁性　磁铁能吸引铁、钴、镍等物质的性质叫磁性。具有磁性的物体叫磁体。磁体上磁性最强的部分叫做磁极。两个磁极之间相互作用，同性磁极互相排斥，异性磁极互相吸引。当一棒状磁体处于自由状态时，总是倾向于指向地球的南极或北极。指向地球北极的称为北极，简称N极。指向地球南极的称为南极，简称S极。

③ 磁感线　磁感线是为了理解方便而假想的，在两个磁极附近和两个磁极之间被磁化的铁粉末所形成的纹路图案是很有规律的线条，从磁体的N极出发，经过空间到磁体的S极，在磁体内部从S极又回到N极，形成一个封闭的环。通常说磁力线的方向就是磁体N极所指的方向。

④ 磁通量和磁通量密度　穿过磁场中某一个截面磁力线的条数叫做穿过这个面的磁通量，用Φ表示，单位是韦伯。垂直穿过单位面积的磁力线条数叫做磁通量密度，用B表示，单位是特斯拉（T）。

⑤ 磁导率　磁通密度B与磁场强度H的比值叫磁导率，用μ表示（$\mu=B/H$）。例如：空气的磁导率$\mu=1$；高磁导率的材料，如坡莫合金和铁氧体等材料的磁导率可达几千至几万，是磁导率很高的材料，常用来制作磁头的磁芯。

⑥ 磁场强度和磁感应强度　磁场强度和磁感应强度均为表征磁场性质（即磁场强弱和方向）的物理量。由于磁场是由电流或者说运动电荷引起的，而磁介质（除超导体以外，不存在磁绝缘的概念，故一切物质均为磁介质）在磁场中发生的磁化对源磁场也有影响（场的叠加原理）。因此，磁场的强弱可以有两种表示方法。

在充满均匀磁介质的情况下，若包括介质因磁化而产生的磁场时，用磁感应强度用B表示，单位为特斯拉（T），是一个基本物理量；单独由电流或者运动电荷所引起的磁场（不包括介质磁化而产生的磁场时）用磁场强度H表示，单位为A/m，是一个辅助物理量。

磁感应强度是一个矢量，它的方向即为该点的磁场方向。匀强磁场中各点的磁感应强度大小和方向均相同。用磁感线可形象地描述磁感应强度B的大小，B较大的地方，磁场较强，磁力线较密；B较小的地方，磁场较弱，磁力线较稀；磁力线的切线方向即为该点磁感应强度B的方向。

1.1.2 电与磁的关系

（1）电流感应磁场

电流感应磁场的过程如图1-7所示。如果一条直的金属导线通过电流，那么在导线周围的空间将产生圆形磁场。导线中流过的电流越大，产生的磁场越强。磁场成圆形，围绕在导线周围，磁场的方向根据右手法则判断，拇指的方向为电流方向，其余四指为磁场磁力线方向。通电的螺线管也会产生磁场。从图中可以看出，在螺线管外部的磁场形状和一块条形磁铁产生的磁场形状是相同的，磁场方向遵循右手螺旋定则。

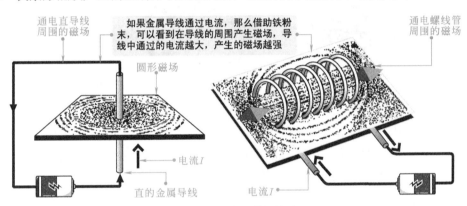

图1-7 电流感应磁场的过程

图1-8为安培定则（右手螺旋定则）。在流过导体的电流方向和所产生的磁场方向之间有着明确的关系。安培定则是表示电流和电流激发磁场的磁力线方向关系的定则，也叫右手螺旋定则。

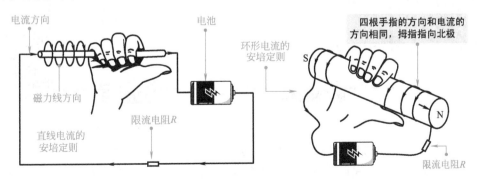

图1-8 安培定则（右手螺旋定则）

直线电流的安培定则：用右手握住导线，让伸直的大拇指所指的方向与电流的方向一致，那么弯曲的四指所指的方向就是磁力线的环绕方向。

环形电流的安培定则：让右手弯曲的四指和环形电流的方向一致，那么伸直的大拇指所指的方向就是环形电流中心轴线上磁力线（磁场）的方向。

（2）磁场感应电流

磁场也能感应出电流，把一个螺线管两端接上检测电流的检流计，在螺线管内部放置一根磁铁。当把磁铁很快地抽出螺线管时，可以看到检流计指针发生了偏转，而且磁铁抽出的速度越快，检流计指针偏转的程度越大。同样，如果把磁铁插入螺线管，检流计也会偏转，但是偏转的方向和抽出时相反，检流计指针偏转表明线圈内有电流产生，如图1-9所示。

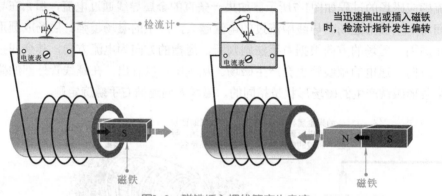

图1-9　磁铁插入螺线管产生电流

当闭合回路中一部分导体在磁场中作切割磁感线运动时，回路中就有电流产生；当穿过闭合线圈的磁通发生变化时，线圈中有电流产生。这种由磁产生电的现象，称为电磁感应现象，产生的电流叫感应电流，如图1-10所示。

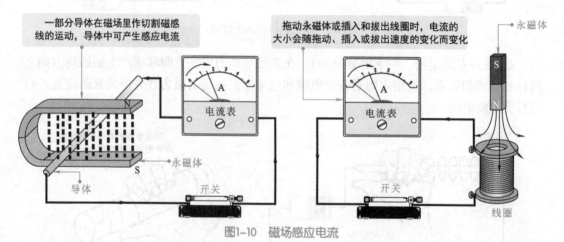

图1-10　磁场感应电流

感应电流的方向与导体切割磁力线的运动方向和磁场方向有关，即当闭合回路中一部分导体作切割磁力线运动时，所产生的感应电流方向可用右手定则来判断，伸开右手，使拇指与四指垂直，并都与手掌在一个平面内，让磁力线穿入手掌，拇指指向导体运动方向，四指所指的方向即为感应电流的方向，如图1-11所示。

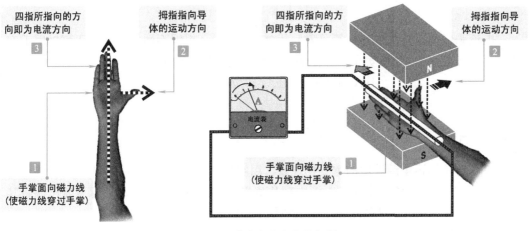

图1-11 感应电流方向的判断

1.2

电流与电动势

1.2.1 电流

在导体的两端加上电压，导体内的电子就会在电场力的作用下作定向运动，形成电流。电流的方向规定为电子（负电荷）运动的反方向（即电流的方向与电子运动的方向相反）。

图1-12所示是由电池、开关、灯泡组成的电路模型，当开关闭合时，电路形成通路，电池的电动势形成了电压，继而产生了电场力，在电场力的作用下，处于电场内的电子便会定向移动，这就形成了电流。

图1-12 由电池、开关、灯泡组成的电路模型

电流的大小称为电流强度，它是指在单位时间内通过导体横截面的电荷量。电流强度用字母"I"（或i）来表示，电荷量用"Q"（库仑）表示。若在时间t内通过导体横截

面的电荷量是Q，则电流强度可用下式计算：

$$I = \frac{Q}{t}$$

电流强度的单位为安培，简称安，用字母A表示。根据不同的需要，还可以用千安（kA）、毫安（mA）和微安（μA）来表示。它们之间的关系为

$$1kA = 1000A, \quad 1mA = 10^{-3}A, \quad 1\mu A = 10^{-6}A$$

1.2.2 电动势

电动势是描述电源性质的重要物理量，用字母"E"表示，单位为"V"（伏特，简称伏），它是表示单位正电荷经电源内部从负极移到正极所做的功，它标志着电源将其他形式的能量转换成电能的本领（即电源供应电路的能力）。

电动势用公式表示为

$$E = \frac{W}{Q}$$

式中，E为电动势，V；W为将正电荷经电源内部从负极移到正极所做的功，J；Q为移动的正电荷数量，C。

📖 **提示说明**

在闭合电路中，电动势是维持电流流动的电学量，电动势的方向规定为经电源内部，从电源的负极指向电源的正极。电动势等于路端电压与内电压之和，用公式表示为

$$E = U_{路} + U_{内} = IR + Ir$$

式中，$U_{路}$为路端电压（即电源加在外电路端的电压）；$U_{内}$为内电压（即电池因内阻自行消耗的电压）；I为闭合电路的电流；R为外电路总电阻（简称外阻）；r为电源的内阻。

图1-13为由电源、开关、可变电阻器构成的电路模型。对于确定的电源来说，电动

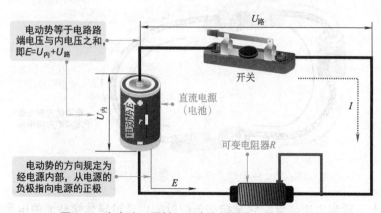

图1-13　由电池、开关、可变电阻器构成的电路模型

势E和内阻都是一定的。若闭合电路中外电阻R增大，电流I便会减小，内电压$U_内$减小，故路端电压$U_路$增大。若闭合电路中外电阻R减小，电流I便会增大，内电压$U_内$增大，故路端电压$U_路$减小，当外电路断开，外电阻R无限大，电流I便会为零，内电压$U_内$也会变为零，此时路端电压就等于电源的电动势。

1.3

直流电与交流电

1.3.1 直流电与直流供电方式

直流电（Direct Current，DC）是指电流流向单一，其方向不随时间作周期性变化，即电流的方向固定不变，是由正极流向负极，但电流的大小可能会变化。

如图1-14所示，直流电可以分为脉动直流和恒定直流两种，脉动直流中的电流大小是跳动的；而恒定直流中的电流大小是恒定不变的。

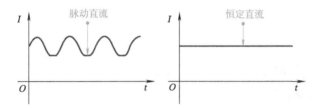

图1-14　脉动直流和恒定直流的曲线

如图1-15所示，一般将可提供直流电的装置称为直流电源，例如干电池、蓄电池、直流发电机等，直流电源有正、负两极。当直流电源为电路供电时，直流电源能够使电路两端之间保持恒定的电位差，从而在外电路中形成由电源正极到负极的电流。

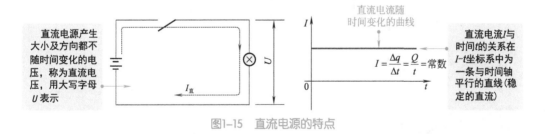

图1-15　直流电源的特点

如图1-16所示，由直流电源作用的电路称为直流电路，它主要是由直流电源、负载构成的闭合电路。

在生活和生产中用电池供电的电器，都属于直流供电方式，如低压小功率照明灯、直流电动机等。还有许多电器是利用交流-直流变换器，将交流变成直流再为电器产品供电。

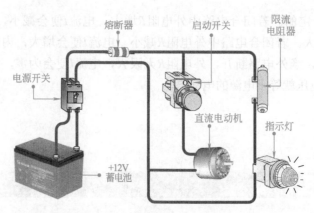

图1-16　直流电路的特点

　　家庭或企事业单位的供电都是采用交流220V、50Hz的电源，而电子产品内部各电路单元及其元件则往往需要多种直流电压，因而需要一些电路将交流220V电压变为直流电压，供电路各部分使用。

　　如图1-17所示，典型直流电源电路中，交流220V电压经变压器T，先变成交流低压（12V）。再经整流二极管VD整流后变成脉动直流，脉动直流经LC滤波后变成稳定的直流电压。

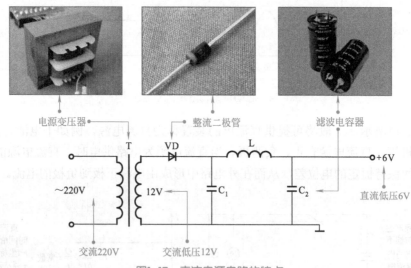

图1-17　直流电源电路的特点

📖 **提示说明**

　　如图1-18所示，一些实用电子产品如电动车、手机、收音机、随身听等，是借助充电器给电池充电后获取电能。值得一提的是，不论是电动车用的大型充电器，还是手机、收音机等用的小型充电器，都需要从市电（交流220V）电源中获得能量。

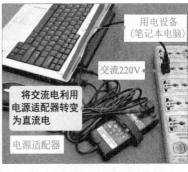

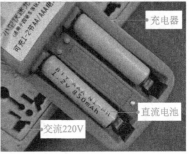

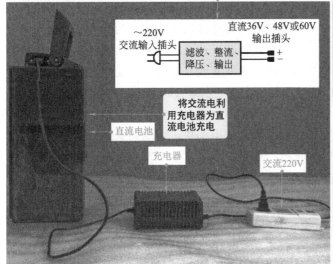

图1-18　典型实用电子产品中直流电源的获取方式

1.3.2　单相交流电与单相交流供电方式

交流电（Alternating Current，AC）是指电流的大小和方向会随时间作周期性变化的电压或电流。在日常生活中所有的电器产品都需要有供电电源才能正常工作，大多数的电气设备都是由市电交流220V、50Hz作为供电电源，这是我国公共用电的统一标准，交流220V电压是指相线（即火线）对零线的电压。

如图1-19所示，交流电是由交流发电机产生的，交流发电机通常有产生单相交流电的机型和产生三相交流电的机型。

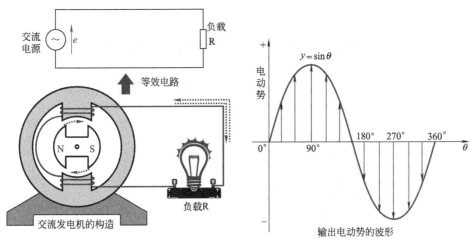

图1-19　交流电的产生

　　交流发电机的转子是由永磁体构成的，当水轮机或汽轮机带动发电机转子旋转时，转子磁极旋转，会对定子线圈辐射磁场，磁力线切割定子线圈，定子线圈中便会产生感应电动势，转子磁极转动一周就会使定子线圈产生相应的电动势（电压）。由于感应电动势的强弱与感应磁场的强度成正比，感应电动势的极性也与感应磁场的极性相对应。定子线圈所受到的感应磁场是正反向交替周期性变化的。转子磁极匀速转动时，感应磁场是按正弦规律变化的，发电机输出的电动势则为正弦波形。

　　如图1-20所示，发电机根据电磁感应原理产生电动势，当线圈受到变化磁场的作用时，即线圈切割磁力线便会产生感应磁场，感应磁场的方向与作用磁场方向相反。

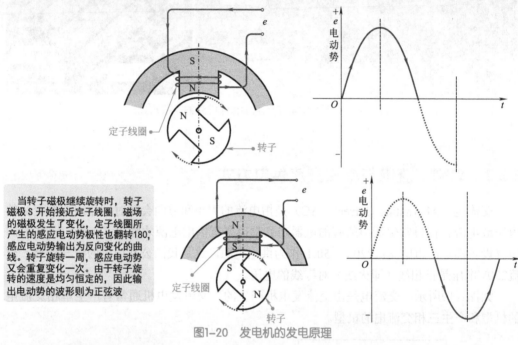

　　当转子磁极继续旋转时，转子磁极 S 开始接近定子线圈，磁场的磁极发生了变化，定子线圈所产生的感应电动势极性也翻转180°，感应电动势输出为反向变化的曲线。转子旋转一周，感应电动势又会重复变化一次。由于转子旋转的速度是均匀恒定的，因此输出电动势的波形则为正弦波

图1-20　发电机的发电原理

（1）单相交流电

　　单相交流电在电路中具有单一交变的电压，该电压以一定的频率随时间变化，如图1-21所示。在单相交流发电机中，只有一个线圈绕制在铁芯上构成定子，转子是永磁体，当其内部的定子和线圈为一组时，它所产生的感应电动势（电压）也为一组（相），由两条线进行传输。

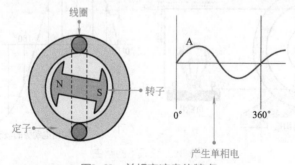

图1-21　单相交流电的特点

（2）单相交流供电方式

我们将单相交流电通过的电路称为交流电路。交流电路普遍用于人们的日常生活和生产中。单相交流电路的供电方式主要有单相两线式和单相三线式。

① 单相两线式供电　如图1-22所示，单相两线式是指仅由一根相线（L）和一根零线（N）构成的供电方式，通过这两根线获取220V单相电压，为用电设备供电。

一般照明线路和两孔电源插座多采用单相两线式供电方式。

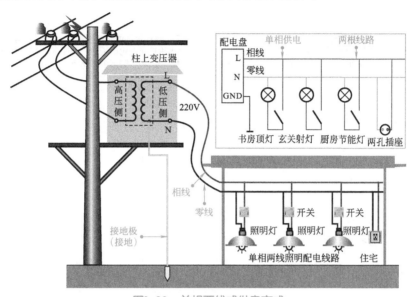

图1-22　单相两线式供电方式

② 单相三线式供电　如图1-23所示，单相三线式是在单相两线式基础上添加一条地线，相线与零线之间的电压为220V，零线在电源端接地，地线在本地用户端接地，两者因接地点不同可能存在一定的电位差，因而零线与地线之间可能存在一定的电压。

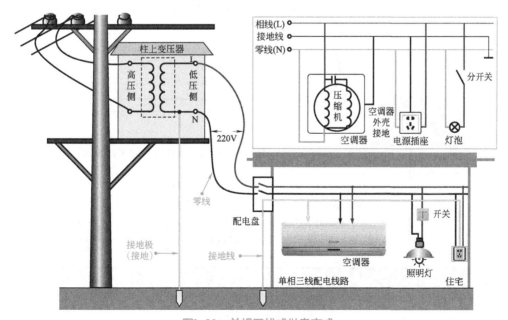

图1-23　单相三线式供电方式

1.3.3 三相交流电与三相交流供电方式

（1）三相交流电

三相交流电是大部分电力传输即供电系统、工业和大功率电力设备所需要电源。通常，把三相电源的线路中的电压和电流统称为三相交流电，这种电源由三条线来传输，三线之间的电压大小相等（380 V）、频率相同（50 Hz）、相位差为120°。图1-24为三相交流电的特点。

> 三相交流电是由三相交流发电机产生的。在定子槽内放置着三个结构相同的定子绕组A、B、C，这些绕组在空间互隔120°转子旋转时，其磁场在空间按正弦规律变化，当转子由水轮机或汽轮机带动以角速度ω等速地顺时针方向旋转时，在三个定子绕组中，就产生频率相同、幅值相等、相位上互差120°的三个正弦电动势，这样就形成了对称三相电动势。

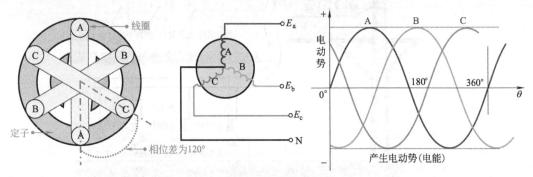

图1-24 三相交流电的特点

（2）三相交流供电方式

在三相交流供电系统中，根据线路接线方式不同，主要有三相三线式、三相四线式及三相五线式三种供电方式。

① 三相三线式供电方式 图1-25为三相三线式供电方式。三相三线式是指供电线路

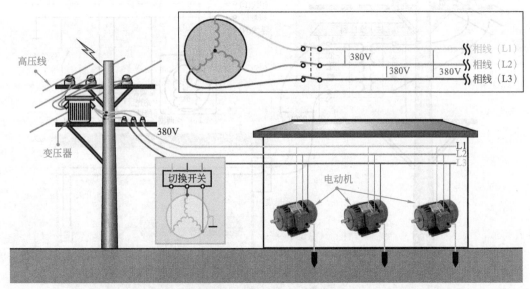

图1-25 三相三线式供电方式

由三根相线构成，每根相线之间的电压为380V，因此额定电压为380V的电气设备可直接连接在相线上。这种供电方式多用在电能传输系统中。

②三相四线式供电方式　图1-26为三相四线式供电方式。三相四线式交流电路是指由变压器引出四根线的供电方式。其中，三根为相线，另一根中性线为零线。零线接电动机三相绕组的中点，电气设备接零线工作时，电流经过电气设备做功，没有做功的电流可经零线回到电厂，对电气设备起到保护作用。

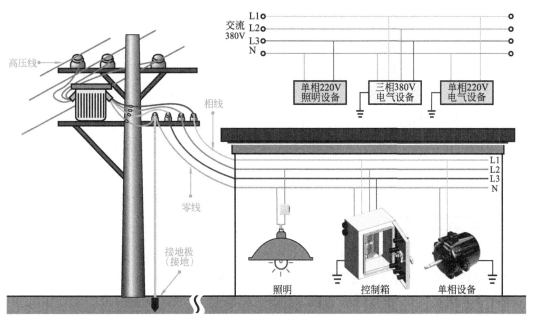

图1-26　三相四线式供电方式

📖 **提示说明**

注意：在三相四线式供电方式中，由于三相负载不平衡时和低压电网的零线过长且阻抗过大时，零线将有零序电流通过，过长的低压电网，由于环境恶化、导线老化、受潮等因素，导线的漏电电流通过零线形成闭合回路，致使零线也带一定的电位，这对安全运行十分不利。在零线断线的特殊情况下，断线以后的单相设备和所有保护接零的设备会产生危险的电压，这是不允许的。

③三相五线式供电方式　图1-27为三相五线式供电方式。在三相五线式供电系统中，把零线的两个作用分开，即一根线作工作零线（N），另一根线作保护零线（PE或地线），这样的供电接线方式称为三相五线式供电方式。增加的地线（PE）与本地的大地相连，起保护作用。所谓的保护零线也就是接地线。

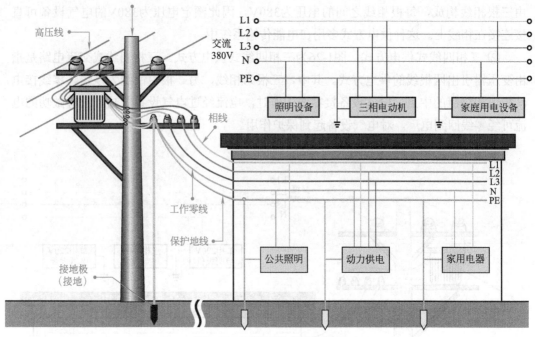

高压线

交流
380V

L1
L2
L3
N
PE

照明设备   三相电动机   家庭用电设备

相线

L1
L2
L3
N
PE

工作零线

保护地线

公共照明   动力供电   家用电器

接地极
（接地）

图1-27   三相五线式供电方式

📖 **提示说明**

采用三相五线式供电方式，用电设备上所连接的工作零线N和保护零线PE是分别敷设的，工作零线上的电位不能传递到用电设备的外壳上，这样就能有效隔离三相四线式供电方式所造成的危险电压，用电设备外壳上电位始终处在"地"电位，从而消除了设备产生危险电压的隐患。

1.4
电气元件的连接关系

1.4.1　电气元件的串联关系

如果电路中两个或多个负载首尾相连，那么称它们的连接状态是串联的，该电路即称为串联电路。

如图1-28所示，在串联电路中，通过每个负载的电流量是相同的，且串联电路中只有一个电流通路，当开关断开或电路的某一点出现问题时，整个电路将处于断路状态。因此当图1-28中一个灯泡损坏后，另一个灯泡的电流通路也被切断，该灯不能点亮。

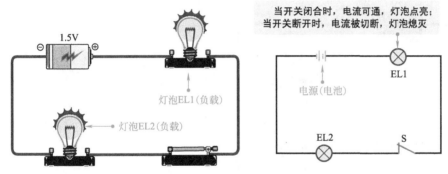

当开关闭合时，电流可通，灯泡点亮；
当开关断开时，电流被切断，灯泡熄灭

图1-28 电气元件的串联关系

在串联电路中，流过每个负载的电流相同，各个负载分享电源电压，图1-29所示的电路中有三个相同的灯泡串联在一起，那么每个灯泡将得到1/3的电源电压量。每个串联的负载可分到的电压量与它自身的电阻有关，即自身电阻较大的负载会得到较大的电压值。

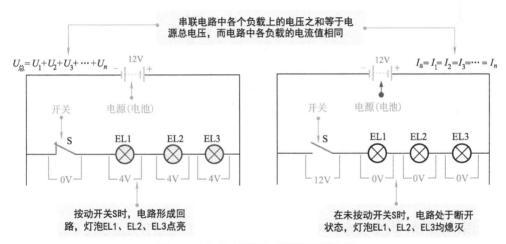

图1-29 负载（灯泡）串联的电压分配

1.4.2 电气元件的并联关系

两个或两个以上负载的两端都与电源两极相连，则称这种连接状态是并联的，该电路即为并联关系的电路。

如图1-30所示，在并联状态下，每个负载的工作电压都等于电源电压。不同支路中会有不同的电流通路，当支路某一点出现问题时，该支路将处于断路状态，灯泡会熄灭，但其他支路依然正常工作，不受影响。

图1-31所示的电气元件并联电路中，每个负载的电压都相同，每个负载流过的电流则会因为它们的阻值不同而不同，电流值与电阻值成反比，即负载的阻值越大，流经负载的电流越小。

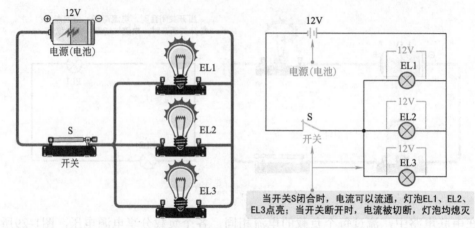

当开关S闭合时，电流可以流通，灯泡EL1、EL2、EL3点亮；当开关断开时，电流被切断，灯泡均熄灭

图1-30　电气元件的并联关系

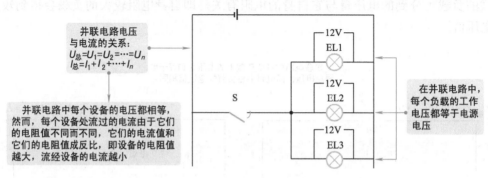

并联电路电压与电流的关系：
$U_总=U_1=U_2=\cdots=U_n$
$I_总=I_1+I_2+\cdots+I_n$

并联电路中每个设备的电压都相等，然而，每个设备处流过的电流由于它们的电阻值不同而不同，它们的电流值和它们的电阻值成反比，即设备的电阻值越大，流经设备的电流越小

在并联电路中，每个负载的工作电压都等于电源电压

图1-31　负载（灯泡）并联的电压分配

1.4.3　电气元件的混联关系

如图1-32所示，将电气元件串联和并联连接后构成的电路称为混联关系的电路。

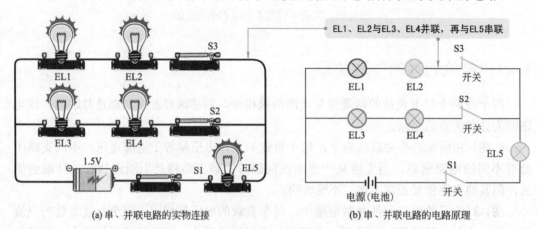

EL1、EL2与EL3、EL4并联，再与EL5串联

(a) 串、并联电路的实物连接　　　　(b) 串、并联电路的电路原理

图1-32　电气元件的混联关系

第2章

常用电子元器件与低压电气部件

02

2.1

电阻器

2.1.1 固定电阻器

物体对电流通过的阻碍作用称为"电阻"，利用这种阻碍作用做成的电气元件称为电阻器，简称为电阻。

固定电阻器是最常见的一类电阻器。其种类多样，图2-1为固定电阻器的实物外形和电路图形符号。图中的符号，代号为R的是电阻，只有两根引脚沿中心轴伸出，一般情况下不分正、负极性。

电路图形符号

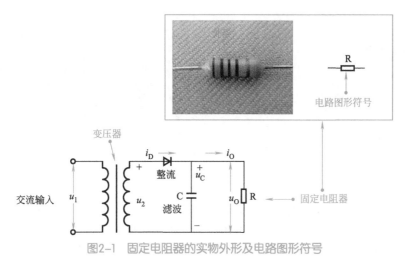

图2-1　固定电阻器的实物外形及电路图形符号

固定电阻器按照其结构和外形可分为线绕电阻器和非线绕电阻器两大类。

（1）线绕电阻器

图2-2为典型的线绕电阻器。通常，功率比较大的电阻常常采用线绕电阻器，线绕电阻器是用镍铬合金、锰铜合金等电阻丝绕在绝缘支架上制成的，其外面涂有耐热的釉绝缘层。

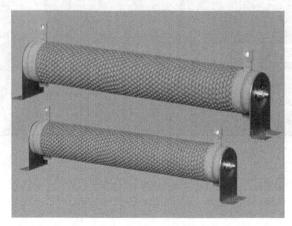

图2-2　典型的线绕电阻器

（2）非线绕电阻器

图2-3为典型的非线绕电阻器。一般来说，非线绕电阻主要可以分为薄膜电阻和实心电阻两大类。

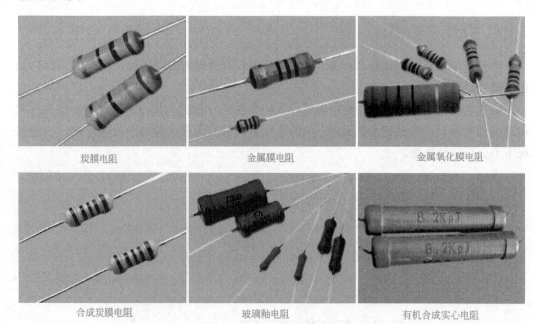

炭膜电阻　　　　　　金属膜电阻　　　　　　金属氧化膜电阻

合成炭膜电阻　　　　玻璃釉电阻　　　　　　有机合成实心电阻

图2-3　典型的非线绕电阻器

其中，薄膜电阻器是利用蒸镀的方法将具有一定电阻率的材料蒸镀在绝缘材料表面制成的，功率比较大。常用的蒸镀材料不同，因而薄膜电阻有炭膜电阻、金属膜电阻和金属氧化膜电阻之分。

实心电阻器则是由有机导电材料（炭黑、石墨等）或无机导电材料及一些不良导电材料混合并加入黏合剂后压制而成的。实心电阻的成本低，但阻值误差大，稳定性较差。

2.1.2 可变电阻器

可变电阻器一般有三个引脚，其中有两个定片引脚和一个动片引脚，设有一个调整口，通过它可以改变动片，从而改变该电阻的阻值。图2-4为典型可变电阻器的实物外形。

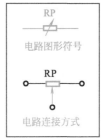

图2-4 典型的可变电阻器

可变电阻器的最大阻值就是与可变电阻器的标称阻值十分相近的阻值；最小阻值就是该可变电阻器的最小阻值，一般为0Ω；该类电阻器的阻值在最小阻值与最大阻值之间随调整旋钮的变化而变化。

2.1.3 特殊电阻器

根据电路实际工作的需要，一些特殊电阻器在电路板上发挥着其特殊的作用，如熔断电阻器、水泥电阻器、压敏电阻器、热敏电阻器和光敏电阻器等。

（1）熔断电阻器

如图2-5所示，熔断电阻器又叫保险丝电阻器。它是一种具有电阻器和过流保护熔断丝双重作用的元件。在正常情况下具有普通电阻器的电气功能，在电子设备当中常常采用熔断电阻，从而起到保护其他元器件的作用。它在电流过大的情况下，自身熔化断裂，从而保护整个设备不再过载。

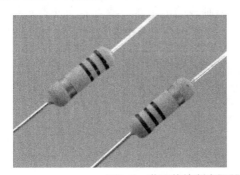

图2-5 典型的熔断电阻器

（2）水泥电阻器

如图2-6所示，水泥电阻器采用陶瓷、矿质材料包封，具有优良的绝缘性能，散热好，功率大，具有优良的阻燃、防爆特性。内部电阻丝选用康铜、锰铜、镍铬等合金材料，有较好的稳定性和过负载能力。电阻丝与焊脚引线之间采用压接方式，在负载短路的情况下，可迅速在压接处熔断，在电路中起限流保护的作用。

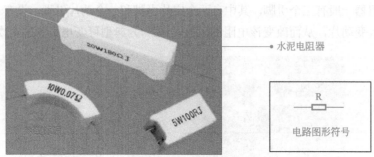

图2-6 典型的水泥电阻器

（3）敏感电阻器

敏感电阻器是指器件特性对温度、电压、湿度、光照、气体、磁场、压力等作用敏感的电阻器。其功能主要是用来作传感器。常见的敏感电阻有压敏电阻器、热敏电阻器、湿敏电阻器、光敏电阻器、气敏电阻器等。

热敏电阻器是一种阻值会随温度变化而自动发生变化的电阻器，有正温度系数热敏电阻器（PTC）和负温度系数热敏电阻器（NTC）两种。其实物外形及电路图形符号如图2-7所示。

图2-7 热敏电阻器的实物外形及电路图形符号

光敏电阻器是一种由半导体材料制成的电阻器，特点是当外界光照强度变化时，光敏电阻器的阻值也会随之发生变化。其实物外形及电路图形符号如图2-8所示。

图2-8 光敏电阻器的实物外形及电路图形符号

湿敏电阻器的阻值会随周围环境湿度的变化而发生变化，常用作传感器，用来检测环境湿度。湿敏电阻器也可细分为正系数湿敏电阻器和负系数湿敏电阻器两种。

图2-9为典型湿敏电阻器的实物外形及电路图形符号。

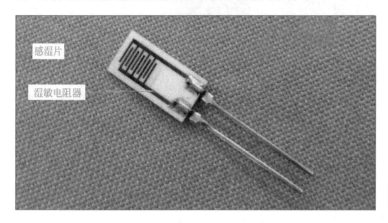

图2-9　湿敏电阻器的实物外形及电路图形符号

📖 **提示说明**

正系数湿敏电阻器是当湿度增加时，阻值明显增大；当湿度减小时，阻值会显著减小。负系数湿敏电阻器是当湿度减小时，阻值会明显增大；当湿度增大时，阻值会显著减小。

压敏电阻器是利用半导体材料的非线性特性原理制成的电阻器，特点是当外加电压施加到某一临界值时，阻值会急剧变小，常作为过压保护器件，多应用在电视机行输出电路、消磁电路中。图2-10为压敏电阻器的实物外形及电路图形符号。

图2-10　压敏电阻器的实物外形及电路图形符号

气敏电阻器是利用金属氧化物半导体表面吸收某种气体分子时，会发生氧化反应或还原反应而使电阻值的特性发生改变而制成的电阻器。图2-11为气敏电阻器的实物外形及电路图形符号。

气敏电阻器

电路图形符号

图2-11　气敏电阻器的实物外形及电路图形符号

2.2

电容器

2.2.1　固定电容器

电容器也是电子设备中大量使用的电子元器件之一，广泛应用于隔直、耦合、旁路、滤波、调谐回路、能量转换、控制电路等方面。电容器按其电容量是否可改变分为固定电容器和可变电容器两种。

固定电容器是指电容器一经制成后，其电容量不能再改变的电容器。它分为无极性电容和有极性电容两种固定电容器。

（1）无极性固定电容器

无极性电容器是指电容器的两个金属电极没有正、负极性之分，使用时电容器两极可以交换连接。无极性固定电容器的种类很多，图2-12为常见的几种不同介质电容器的实物外形。

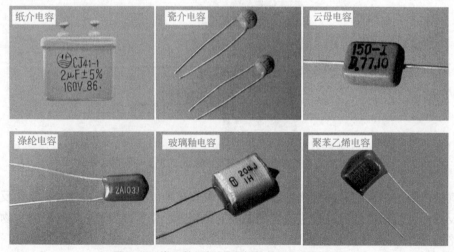

纸介电容　　瓷介电容　　云母电容

涤纶电容　　玻璃釉电容　　聚苯乙烯电容

图2-12　常见的无极性固定电容器的实物外形

（2）有极性固定电容器

有极性电容器是指电容器的两极有正负极性之分，使用时一定要正极性端连接电路的高电位，负极性端连接电路的低电位，否则会引起电容器的损坏。

电解电容器均为有极性电容。按电极材料的不同可以分为铝电解电容器和钽电解电容器等，其实物外形及电路图形符号如图2-13所示。

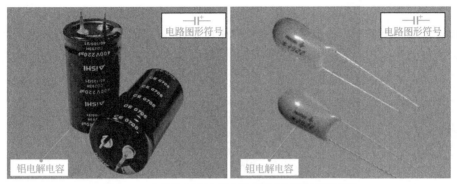

图2-13　有极性固定电容器的实物外形及图形符号

2.2.2　可变电容器

电容量可以调整的电容器称为可变电容器，可变电容器按介质不同可分为空气介质和有机薄膜介质两种，而按结构又可分为单联、双联，甚至三联、四联等。图2-14为可变电容器的实物外形及电路图形符号。

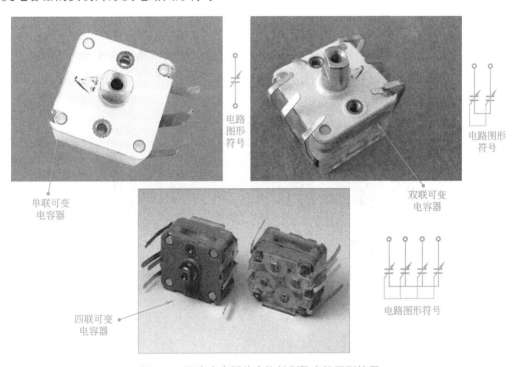

图2-14　可变电容器的实物外形及电路图形符号

2.3 电感器

2.3.1 固定电感器

　　固定色环、色码电感器都属于小型的固定电感器，这种电感器是将线圈绕制在软磁铁氧体的基体（磁芯）上，再用环氧树脂或塑料封装，并在其外壳上标以色环或直接用数字表明电感量的数值，常用的色环、色码电感器的实物外形如图2-15所示。

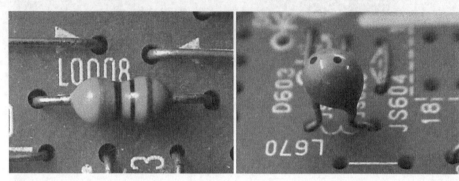

色环电感器　　　　　　　　　　　　　色码电感器

图2-15　色环、色码电感器

2.3.2 微调电感器

　　微调电感器就是可以调整电感量大小的电感，常见微调电感器的实物外形如图2-16所示。微调电感器一般设有屏蔽外壳，可插入的磁芯和外露的调节旋钮，通过改变磁芯在线圈中的位置来调节电感量的大小。

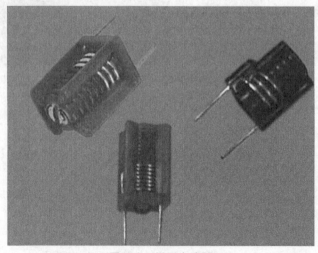

图2-16　微调电感器

2.3.3　电感线圈

由于工作频率、工作电流、屏蔽要求各不相同，电感线圈的绕组匝数、骨架材料、外形尺寸区别很大，因此，可以在电子产品的电路板上看到各种各样的电感线圈，其实物外形如图2-17所示。

图2-17　各种电感线圈

2.4
二极管

2.4.1　普通二极管

如图2-18所示，根据功能的不同，普通二极管主要有整流二极管、检波二极管和开关二极管等。观察普通二极管的电路符号，其中符号的竖线侧为二极管的负极。一般情况下，二极管的负极常用环带、凸出的片状物或其他方式表示。从封装外形观察，如果看到某个引脚和外壳直接相连，则外壳就是负极。

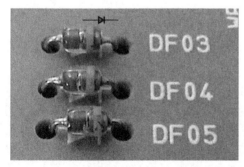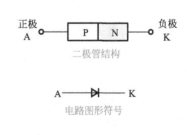

图2-18　普通二极管的实物外形及电路图形符号

2.4.2　特殊二极管

如图2-19所示，常见的特殊二极管主要有稳压二极管、发光二极管、光敏二极管、变容二极管、双向触发二极管、快恢复二极管等。

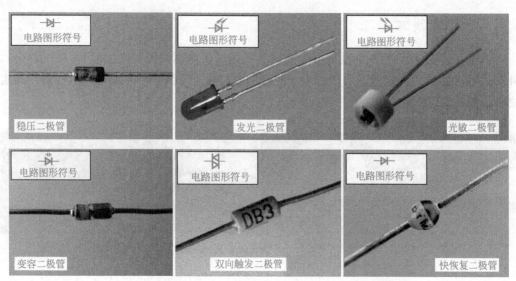

图2-19　常见特殊二极管的实物外形及电路图形符号

2.5

三极管和场效应管

2.5.1　三极管

　　三极管的突出特点是在一定条件下具有电流放大作用。另外，三极管还可用作电子开关、阻抗变换、驱动控制和振荡器件。

　　如图2-20所示，三极管的种类也很多，按其型号可分为小功率三极管、中功率三极管、大功率三极管；按其封装形式可分为塑料封装三极管和金属封装三极管；按其安装方式可分为直插式三极管和贴片式三极管。不同种类和型号的三极管都有其特

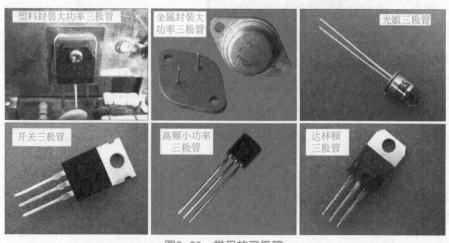

图2-20　常见的三极管

殊的功能和作用。

2.5.2 场效应管

场效应晶体管是电压控制器件，具有输入阻抗高、噪声小、热稳定性好、便于集成等特点，但容易被静电击穿。

如图2-21所示，场效应晶体管有三只引脚，分别为漏极（D）、源极（S）、栅极（G）。根据结构的不同，场效应晶体管可分为两大类：结型场效应晶体管（JFET）和绝缘栅型场效应晶体管（MOSFET）。

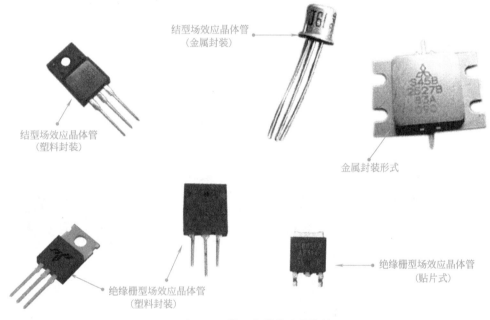

结型场效应晶体管
（金属封装）

结型场效应晶体管
（塑料封装）

金属封装形式

绝缘栅型场效应晶体管
（塑料封装）

绝缘栅型场效应晶体管
（贴片式）

图2-21　常见的场效应晶体管

2.6

低压开关

2.6.1 开启式负荷开关

开启式负荷开关又称闸刀开关，该类开关通常应用在低压电气照明电路、电热线路、建筑工地供电、农用机械供电以及分支电路的配电开关等。主要是在带负荷状态下接通或切断电源电路。

如图2-22所示，开启式负荷开关按其极数的不同，主要分为两极式（220V）和三极式（380V）两种。两极开启式负荷开关主要用于单相供电电路中，作为分支电路的配电开关；三极开启式负荷开关主要用于三相供电电路中。

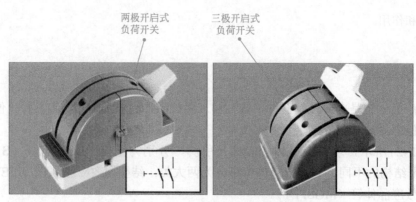

图2-22　开启式负荷开关的实物外形及电路图形符号

2.6.2　封闭式负荷开关

如图2-23所示，封闭式负荷开关又称为铁壳开关，是在开启式负荷开关的基础上改进的一种手动开关，其操作性能和安全防护都优于开启式负荷开关。封闭式负荷开关通常用于额定电压小于500V，额定电流小于200A的电气设备中。

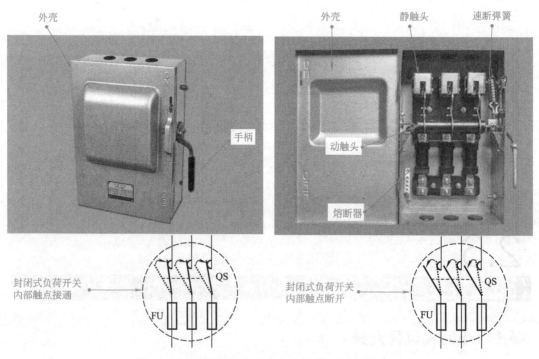

图2-23　封闭式负荷开关的实物外形及电路图形符号

2.6.3　组合开关

组合开关又称转换开关，是由多组开关构成的，是一种转动式的闸刀开关，主要用于接通或切断电路，具有体积小、寿命长、结构简单、操作方便等优点，通常在机床设备或其他电气设备中应用比较广泛。图2-24为组合开关的实物外形和电路图形符号。

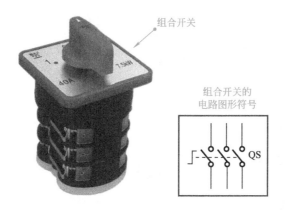

图2-24 组合开关的实物外形和电路图形符号

2.7

主令电器

2.7.1 按钮开关

按钮开关是一种手动操作的电气开关，它的触点允许通过的电流很小，通常不会超过5A。因此，一般情况下按钮开关不直接控制主电路的通断，而是用来在控制线路中发出远距离控制信号或指令，去控制继电器、接触器或其他负载，实现对主供电电路的接通或切断，从而达到对负载的控制（例如电动机的启动、停止、正/反转）。图2-25为按钮开关的实物外形和电路图形符号。

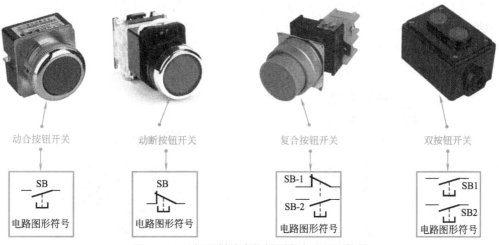

图2-25 按钮开关的实物外形和电路图形符号

2.7.2 行程开关

行程开关又称为位置开关，是一种小电流电气开关，可用来限制机械运动的行程或位置，使运动机械实现自动控制。

如图2-26所示，行程开关按其结构的不同可以分为按钮式位置开关、单轮旋转式位置开关和双轮旋转式位置开关三种。

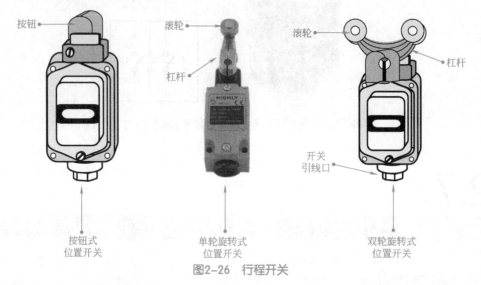

图2-26　行程开关

2.7.3 万能转换开关

万能转换开关的触头数量较多，用途较广，因此被称为万能转换开关，其优点是操作方便、定位可靠，有利于提高触头的分断能力，是一种多挡式、控制多回路的主令电器。

如图2-27所示，根据手柄操作方式的不同，万能转换开关可分为自复式和定位式两种。所谓自复式是指用手拨动手柄于某一挡位时，手松开后，手柄自动返回原位；定位式则是指手柄被置于某挡位时，不能自动返回原位而停在该挡位。这种开关主要用于不频繁接通与断开的电路，例如控制线路的转换或电气测量仪表的转换，也可以用作小容量异步电动机的启动、换向及变速控制。

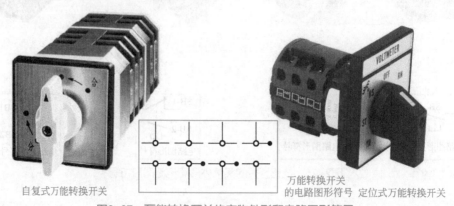

图2-27　万能转换开关的实物外形和电路图形符号

2.7.4　主令控制器

如图2-28所示，主令控制器是用来频繁地按顺序操纵多个控制回路的主令电器。它主要是由弹簧、转动轴、手柄、接线柱、动静触头及凸轮块所组成的开关系统等组成的。当手柄处于不同的位置时，其动触头会随之接通或断开电路。

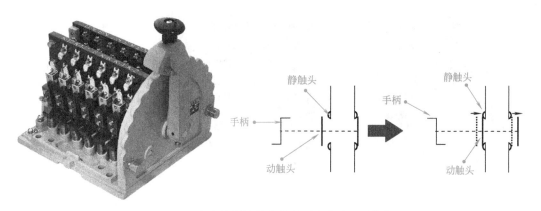

图2-28　主令控制器的实物外形和电路图形符号

2.8

继电器

2.8.1　电磁继电器

电磁继电器是一种电子控制器件，具有输入回路和输出回路，通常用于自动控制系统中，实际上是用较小的电流或电压去控制较大的电流或电压的一种"自动开关"，在电路中起到自动调节、保护和转换电路的作用。图2-29为电磁继电器的实物外形和电路图形符号。

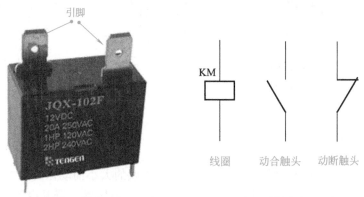

(a) 电磁继电器实物外形　　　　　(b) 电磁继电器的电路图形符号

图2-29　电磁继电器的实物外形和电路图形符号

2.8.2　中间继电器

中间继电器是一种动作值与释放值固定的电压继电器，用来增加控制电路中信号数量或将信号放大。其输入信号是线圈的通电和断电，输出信号是触头的动作。图2-30为中间继电器的实物外形和电路图形符号。

 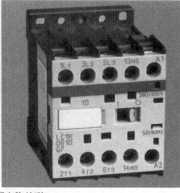 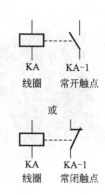

(a) 中间继电器实物外形　　　　　　　　　　(b) 中间继电器的电路图形符号

图2-30　中间继电器的实物外形和电路图形符号

2.8.3　电流继电器

当继电器的电流超过整定值时，引起开关电器有延时或无延时动作的继电器叫做电流继电器，图2-31为电流继电器的实物外形和电路图形符号。该类继电器主要用于频繁启动和重载启动的场合，作为电动机和主电路的过载和短路保护。

(a) 电流继电器实物外形　　　　　　　　　　(b) 电流继电器的电路图形符号

图2-31　电流继电器的实物外形和电路图形符号

2.8.4　电压继电器

电压继电器又称零电压继电器，是一种按电压值的大小而动作的继电器，当输入的电压值达到设定的电压时，其触点会做出相应动作，电压继电器具有导线细、匝数多、阻抗大的特点。图2-32为电压继电器的实物外形和电路图形符号。

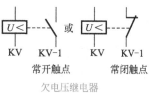

(a) 电压继电器实物外形

(b) 电压继电器的电路图形符号

图2-32 电压继电器的实物外形和电路图形符号

2.8.5 热继电器

热继电器是一种电气保护元件，利用电流的热效应来推动内部的动作机构使触头闭合或断开的保护电器。如图2-33所示，热继电器在电路中，通常用字母"FR"表示。该类继电器具有体积小、结构简单、成本低等特点，主要用于电动机的过载保护、电流不平衡运行的保护及其他电气设备发热状态的控制。

(a) 热继电器实物外形

(b) 热继电器的电路图形符号

图2-33 热继电器的实物外形和电路图形符号

2.8.6 速度继电器

速度继电器又称为反接制动继电器，主要是与接触器配合使用，实现电动机的反接制动。如图2-34所示，速度继电器在电路中，通常用字母"KS"表示。常用的速度继电器主要有JY1型和JFZ0型两种。

(a) 速度继电器实物外形

(b) 速度继电器的电路图形符号

图2-34 速度继电器的实物外形和电路图形符号

2.8.7 时间继电器

时间继电器是指其内部的感测机构接收到外界动作信号，经过一段时间延时后触头才动作或输出电路产生跳跃式改变的继电器。如图2-35所示，时间继电器的电路符号通常是以字母"KT"表示，触头数量是用字母和数字表示（如KT1）。时间继电器主要用于需要按时间顺序控制的电路中，如延时接通和切断某些控制电路。

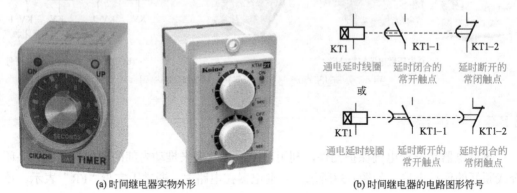

(a) 时间继电器实物外形 　　　　　　　　　(b) 时间继电器的电路图形符号

图2-35　时间继电器的实物外形和电路图形符号

2.8.8 压力继电器

压力继电器是将压力转换成电信号的液压器件。压力继电器通常用于机械设备的液压或气压的控制系统中，它可以根据压力的变化情况来决定触点的开通和断开，方便对机械设备提供控制和保护的作用。图2-36为压力继电器的实物外形和电路图形符号。压力继电器在电路中符号通常是用字母"KP"表示。

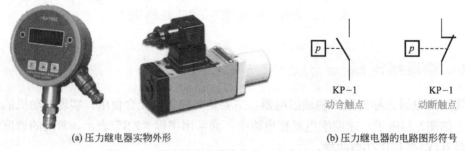

(a) 压力继电器实物外形 　　　　　　　　　(b) 压力继电器的电路图形符号

图2-36　压力继电器的实物外形和电路图形符号

2.9

接触器

2.9.1 交流接触器

交流接触器是一种应用于交流电源环境中的通断开关，在目前各种控制线路中应用最为广泛。具有欠电压、零电压释放保护、工作可靠、性能稳定、操作频率高、维护方便等特点。图2-37为交流接触器的实物外形。

图2-37 交流接触器的实物外形

2.9.2 直流接触器

直流接触器是一种应用于直流电源环境中的通断开关，具有低电压释放保护、工作可靠、性能稳定等特点。图2-38为直流接触器的实物外形。

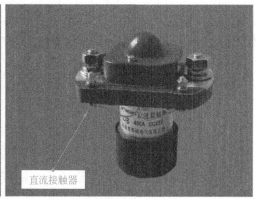

图2-38 直流接触器的实物外形

2.10
变压器

2.10.1 单相变压器

单相变压器是一种一次绕组为单相绕组的变压器，单相变压器的一次绕组和二次绕组均缠绕在铁芯上，一次绕组为交流电压输入端，二次绕组为交流电压输出端。二次绕组的输出电压与线圈的匝数成正比。图2-39为单相变压器的实物外形和电路图形符号。

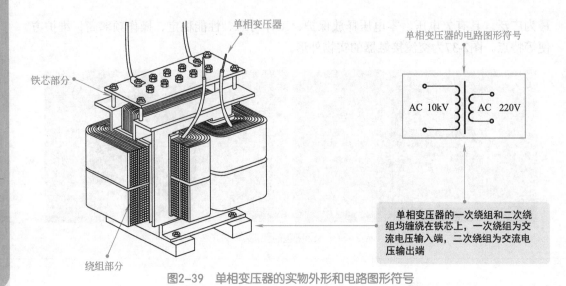

图2-39 单相变压器的实物外形和电路图形符号

标注：单相变压器 / 单相变压器的电路图形符号 / 铁芯部分 / AC 10kV / AC 220V / 单相变压器的一次绕组和二次绕组均缠绕在铁芯上，一次绕组为交流电压输入端，二次绕组为交流电压输出端 / 绕组部分

2.10.2　三相变压器

三相变压器是电力设备中应用比较多的一种变压器，三相变压器实际上是由3个相同容量的单相变压器组合而成的，一次绕组（高压线圈）为三相，二次绕组（低压线圈）也为三相，图2-40为三相变压器的实物外形和电路图形符号。

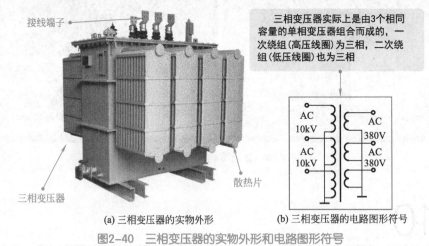

标注：接线端子 / 三相变压器实际上是由3个相同容量的单相变压器组合而成的，一次绕组（高压线圈）为三相，二次绕组（低压线圈）也为三相 / 三相变压器 / 散热片 / AC 10kV / AC 380V / AC 10kV / AC 380V

(a) 三相变压器的实物外形　　(b) 三相变压器的电路图形符号

图2-40　三相变压器的实物外形和电路图形符号

2.11

电动机

2.11.1　直流电动机

直流电动机的分类方式较多，按照定子磁场的不同，可以分为永磁式直流电动机和

电磁式直流电动机；按照结构的不同，可以分为有刷直流电动机和无刷直流电动机；按功能和控制方式又可以分为步进电动机和伺服电动机。

（1）永磁式直流电动机和电磁式直流电动机

永磁式直流电动机的定子磁极和转子磁极是由永久磁体组成的，它是利用永磁体提供磁场，使转子在磁场的作用下旋转；电磁式直流电动机的定子磁极和转子磁极是由铁芯和绕组组成的，在直流电流的作用下，形成驱动转矩，驱动转子旋转。图2-41为典型永磁式和电磁式直流电动机的实物外形。

永磁式直流电动机的定子
磁极是由永久磁体制成的

电磁式直流电动机的定子磁极
是由铁芯和线圈绕制而成的

图2-41　永磁式直流电动机和电磁式直流电动机

（2）有刷直流电动机和无刷直流电动机

图2-42为典型有刷直流电动机和无刷直流电动机的实物外形。

有刷电动机的定子是永磁体，绕组绕在转子铁芯上。有刷电动机工作时，绕组和换向器旋转，直流电源通过电刷为转子上的绕组供电。

无刷电动机的转子是由永久磁钢（多磁极）制成的，设有多对磁极（N、S），不需要电刷供电。绕组设置在定子上，控制加给定子绕组的电流，使之形成旋转磁场，通过磁场的作用使转子旋转起来，属于电子换向方式，可有效消除电刷火花的干扰。

有刷直流电动机

无刷直流电动机

有刷直流电动机
内部包含电刷和
换向器

无刷直流电动机
内部没有电刷和
换向器

图2-42　有刷直流电动机和无刷直流电动机

（3）步进电动机和伺服电动机

如图2-43所示，步进电动机是将电脉冲信号转换为角位移或线位移的开环控制器件。在负载正常的情况下，电动机的转速、停止的位置（或相位）只取决于驱动脉冲信号的频率和脉冲数，不受负载变化的影响。伺服电动机主要用于伺服系统中。

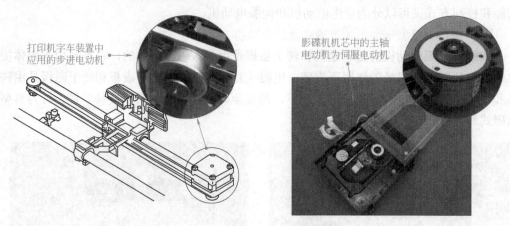

打印机字车装置中应用的步进电动机

影碟机机芯中的主轴电动机为伺服电动机

图2-43　步进电动机和伺服电动机

2.11.2　交流电动机

（1）单相交流电动机

单相交流电动机是利用单相交流电源供电方式提供电能，多用于家用电子产品中。如图2-44所示，单相交流电动机根据转动速率和电源频率关系的不同，又可以细分为单相交流同步电动机和单相交流异步电动机两种。

(a) 单相交流同步电动机　　　　　　(b) 单相交流异步电动机

图2-44　单相交流电动机

单相交流同步电动机的转速与供电电源的频率保持同步，其速度不随负载的变化而变化；而单相交流异步电动机的转速与电源供电频率不同步，具有输出转矩大、成本低等特点。

（2）三相交流电动机

三相交流电动机是利用三相交流电源供电方式提供电能，工业生产中的动力设备多采用三相交流电动机。通常，三相交流电动机的额定供电电压为三相380V。

如图2-45所示，三相交流电动机根据转动速率和电源频率关系的不同，又可以细分为三相交流同步电动机和三相交流异步电动机两种。

(a) 三相交流同步电动机　　　　　　　　　(b) 三相交流异步电动机

图2-45　三相交流电动机

　　三相交流同步电动机的转速与电源供电频率同步，转速不随负载的变化而变化，功率因数可以调节；三相交流异步电动机的转速与电源供电频率不同步，结构简单，价格低廉，应用广泛，运行可靠。

第 3 章

常用电气部件的控制关系

3.1

开关的控制关系

3.1.1 电源开关的控制关系

　　电源开关在电工电路中主要用于接通用电设备的供电电源，图3-1所示为电源开关的连接关系。从图可看出，该电源开关采用的是三相断路器，通过断路器来控制三相交流电动机电源的接通与断开，从而实现对三相交流电动机运转与停机的控制。

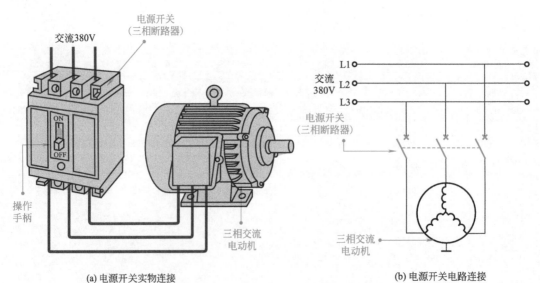

(a) 电源开关实物连接

(b) 电源开关电路连接

图3-1　电源开关的连接关系

图3-2所示为电源开关的控制关系。电源开关未动作时，其内部三组常开触点处于断开状态，切断三相交流电动机的三相供电电源，三相交流电动机不能启动运转；拨动电源开关的操作手柄，使其内部三组常开触点处于闭合状态，三相电源经电源开关内部的三组常开触点为三相交流电动机供电，三相交流电动机启动运转。

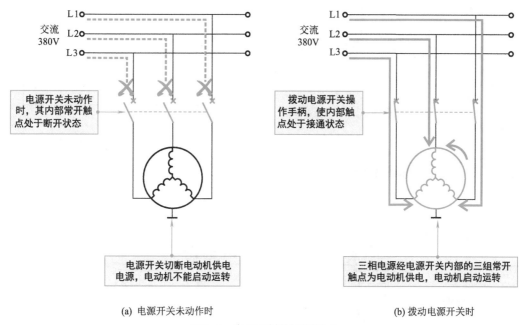

(a) 电源开关未动作时   (b) 拨动电源开关时

图3-2　电源开关的控制关系

3.1.2　按钮开关的控制关系

按钮开关在电工电路中主要用于发出远距离控制信号或指令去控制继电器、接触器或其他负载设备，实现对控制电路的接通与断开，从而达到对负载设备的控制。

按钮开关是电路中的关键控制部件，不论是不闭锁按钮开关还是闭锁按钮开关，根据电路需要，都可分为常开、常闭和复合三种形式。

下面以不闭锁按钮开关为例，分别为大家介绍这三种形式按钮开关的控制功能。

（1）不闭锁的常开按钮

不闭锁的常开按钮是指操作前内部触点处于断开状态，当手指按下按钮时，其内部触点处于闭合状态；而手指放松后，按钮自动复位断开，该按钮在电工电路中常用作启动控制按钮。

图3-3所示为不闭锁的常开按钮的连接控制关系。从图可看出，该不闭锁的常开按钮连接在电源与灯泡（负载）之间，用于控制灯泡的点亮与熄灭，在未对其进行操作时，灯泡处于熄灭状态。按下按钮时，其内部常开触点闭合，电源经按钮内部闭合的常开触点为灯泡供电，灯泡点亮；当松开按钮时，其内部常开触点复位断开，切断灯泡供电电源，灯泡熄灭。

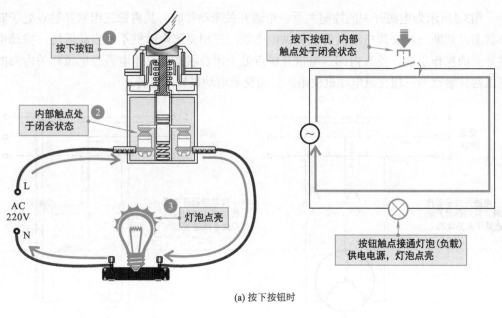

(a) 按下按钮时

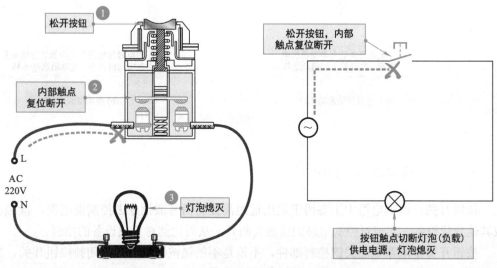

(b) 松开按钮时

图3-3 不闭锁的常开按钮的连接控制关系

（2）不闭锁的常闭按钮

不闭锁的常闭按钮是指操作前内部触点处于闭合状态，当手指按下按钮时，其内部触点处于断开状态；而手指放松后，按钮自动复位闭合，该按钮在电工电路中常用作停止控制按钮。

图3-4所示为不闭锁的常闭按钮的连接控制关系。从图可看出，该不闭锁的常闭按钮连接在电源与灯泡（负载）之间，用于控制灯泡的点亮与熄灭，在未对其进行操作时，灯泡处于点亮状态。按下按钮时，其内部常闭触点断开，切断灯泡供电电源，灯泡熄灭；松开按钮时，其内部常闭触点复位闭合，接通灯泡供电电源，灯泡点亮。

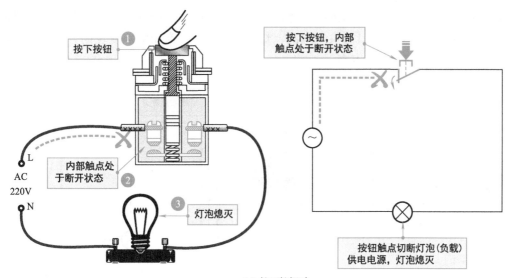

按下按钮 ①

内部触点处 于断开状态 ②

L
AC 220V
N

灯泡熄灭 ③

按下按钮，内部 触点处于断开状态

按钮触点切断灯泡(负载) 供电电源，灯泡熄灭

(a) 按下按钮时

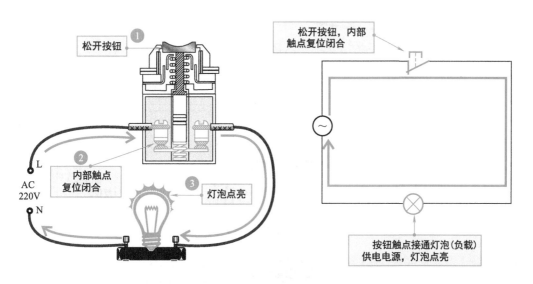

松开按钮 ①

内部触点 复位闭合 ②

L
AC 220V
N

灯泡点亮 ③

松开按钮，内部 触点复位闭合

按钮触点接通灯泡(负载) 供电电源，灯泡点亮

(b) 松开按钮时

图3-4 不闭锁的常闭按钮的连接控制关系

（3）不闭锁的复合按钮

不闭锁的复合按钮是指按钮内部设有两组触点，分别为常开触点和常闭触点。操作前常闭触点闭合，常开触点断开。当手指按下按钮时，常闭触点断开，而常开触点闭合；手指放松后，常闭触点复位闭合，常开触点复位断开。该按钮在电工电路中常用作启动联锁控制按钮。

图3-5所示为不闭锁的复合按钮的连接控制关系。从图可看出，该不闭锁的复合按钮连接在电源与灯泡（负载）之间，分别控制灯泡EL1和灯泡EL2的点亮与熄灭，在未对其进行操作时，灯泡EL2处于点亮状态，灯泡EL1处于熄灭状态。

按下按钮时，其内部常开触点闭合，接通灯泡EL1的供电电源，灯泡EL1点亮；常闭触点断开，切断灯泡EL2的供电电源，灯泡EL2熄灭。当松开按钮时，其内部常开触点复位断开，切断灯泡EL1的供电电源，灯泡EL1熄灭；常闭触点复位闭合，接通灯泡EL2的供电电源，灯泡EL2点亮。

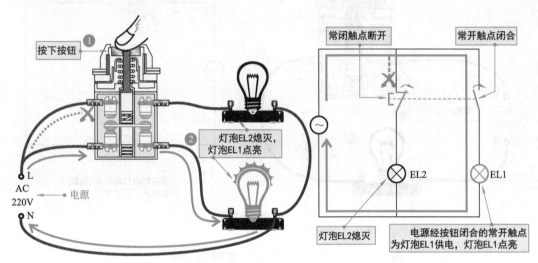

(a) 按下按钮时

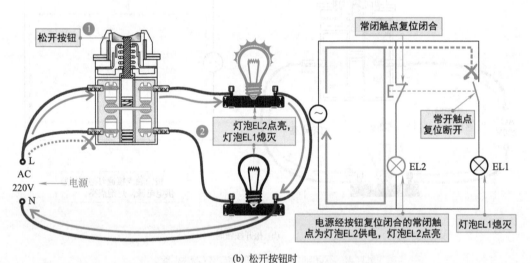

(b) 松开按钮时

图3-5 不闭锁的复合按钮的连接控制关系

3.2

继电器的控制关系

　　继电器是使用非常普遍的电子元件，在许多机械控制上及电子电路中都采用这种器件。下面从继电器的常开触点、常闭触点和转换触点这三个方面来为大家讲解继电器的控制关系。

3.2.1 继电器常开触点的控制关系

继电器通常都是由铁芯、线圈、衔铁、触点等组成的，图3-6所示为典型继电器的内部结构。

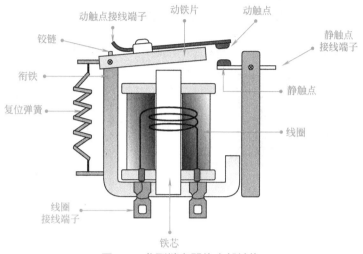

图3-6 典型继电器的内部结构

继电器工作时，通过在线圈两端加上一定的电压，线圈中产生电流，从而产生电磁效应，衔铁就会在电磁力吸引的作用下克服返回复位弹簧的拉力吸向铁芯，来控制触点的闭合，当线圈失电后，电磁吸力消失，衔铁会在复位弹簧的反作用力下返回原来的位置，使触点断开，通过该方法控制电路的导通与切断。

继电器的常开触点是指继电器内部的动触点和静触点处于断开状态，当线圈得电时，其动触点和静触点立即闭合接通电路；当线圈失电时，其动触点和静触点立即复位断开，切断电路。

图3-7所示为继电器常开触点的连接关系。从图可看出，该继电器K线圈连接在不闭

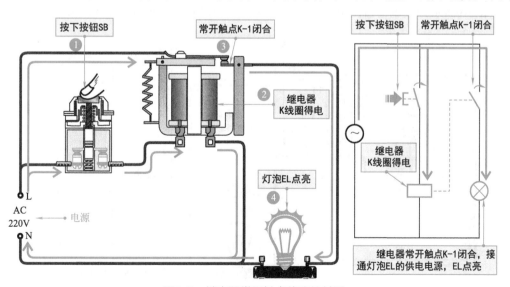

图3-7 继电器常开触点的连接关系

锁的常开按钮与电池之间，常开触点K-1连接在电源与灯泡EL（负载）之间，用于控制灯泡的点亮与熄灭，在未接通电路时，灯泡EL处于熄灭状态。按下按钮SB时，电路接通，继电器K线圈得电，常开触点K-1闭合，接通灯泡EL供电电源，灯泡EL点亮。

图3-8所示为继电器常开触点的控制关系。松开按钮SB时，电路断开，继电器K线圈失电，常开触点K-1复位断开，切断灯泡EL供电电源，灯泡EL熄灭。

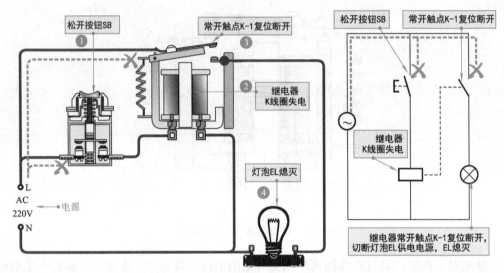

图3-8　继电器常开触点的控制关系

3.2.2　继电器常闭触点的控制关系

继电器的常闭触点是指继电器内部的动触点和静触点处于闭合状态，当线圈得电时，其动触点和静触点立即断开切断电路；当线圈失电时，其动触点和静触点立即复位闭合，接通电路。

图3-9所示为继电器常闭触点的连接关系。从图可看出，该继电器K线圈连接在不闭

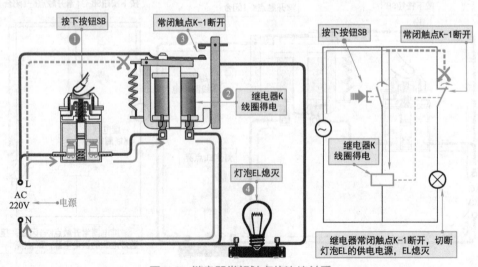

图3-9　继电器常闭触点的连接关系

锁的常开按钮与电源之间，常闭触点K-1连接在电源与灯泡EL（负载）之间，用于控制灯泡的点亮与熄灭，在未接通电路时，灯泡EL处于点亮状态。按下按钮SB时，电路接通，继电器K线圈得电，常闭触点K-1断开，切断灯泡EL供电电源，灯泡EL熄灭。

图3-10所示为继电器常闭触点的控制关系。松开按钮SB时，电路断开，继电器K线圈失电，常闭触点K-1复位闭合，接通灯泡EL供电电源，灯泡EL点亮。

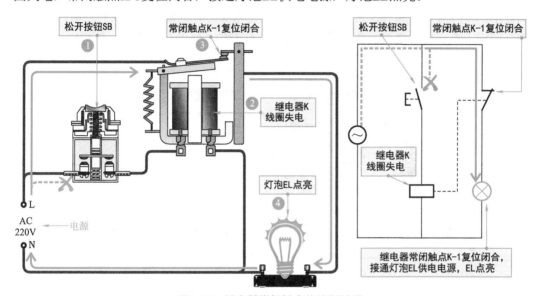

图3-10　继电器常闭触点的控制关系

3.2.3　继电器转换触点的控制关系

继电器的转换触点是指继电器内部设有一个动触点和两个静触点，线圈未通电时，动触点与静触点1处于闭合状态，称为常闭触点，动触点与静触点2处于断开状态，称为常开触点，如图3-11所示。

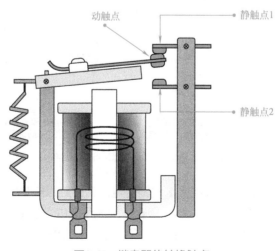

图3-11　继电器的转换触点

当线圈得电时，其动触点与静触点1立即断开并与静触点2闭合，切断静触点1的控制电路，接通静触点2的控制电路；当线圈失电时，动触点复位，即动触点与静触点2复位断开并与静触点1复位闭合，切断静触点2的控制电路，接通静触点1的控制电路。

图3-12所示为继电器转换触点的连接关系。从图可看出，继电器K线圈连接在不闭锁的常开按钮与电源之间；常闭触点K-1连接在电源与灯泡EL1（负载）之间，用于控制灯泡EL1的点亮与熄灭；常开触点K-2连接在电源与灯泡EL2（负载）之间，用于控制灯泡EL2的点亮与熄灭。在未接通电路时，灯泡EL1处于点亮状态，灯泡EL2处于熄灭状态。

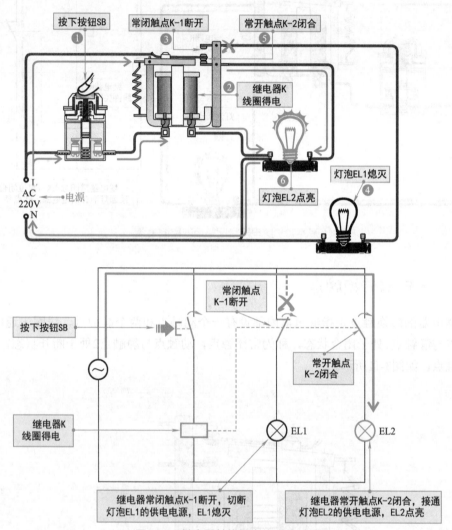

图3-12 继电器转换触点的连接关系

按下按钮SB时，电路接通，继电器K线圈得电，常闭触点K-1断开，切断灯泡EL1的供电电源，灯泡EL1熄灭；同时常开触点K-2闭合，接通灯泡EL2的供电电源，灯泡EL2点亮。

图3-13所示为继电器转换触点的控制关系。松开按钮SB时，电路断开，继电器K线圈失电，常闭触点K-1复位闭合，接通灯泡EL1的供电电源，灯泡EL1点亮；同时常开触点K-2复位断开，切断灯泡EL2的供电电源，灯泡EL2熄灭。

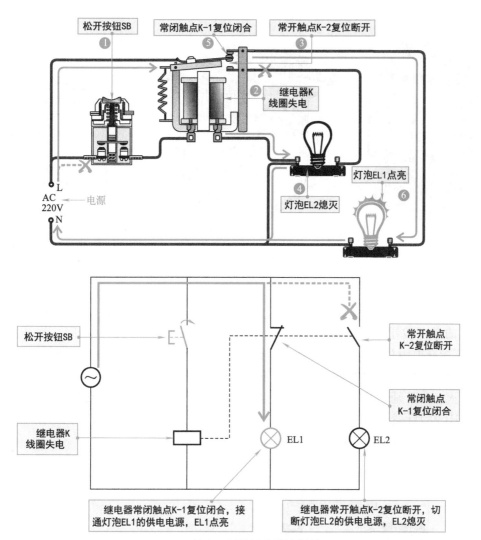

图3-13　继电器转换触点的控制关系

3.3

接触器的控制关系

3.3.1　交流接触器的控制关系

　　交流接触器是主要用于远距离接通与分断交流供电电路的器件，如图3-14所示。交流接触器的内部主要由主触点、辅助触点、线圈、静铁芯、动铁芯及接线端等构成，在交流接触器的铁芯上装有一个短路环，主要用于减小交流接触器吸合时所产生的振动和噪声。

　　交流接触器是通过线圈得电，来控制常开触点闭合、常闭触点断开的；而当线圈失电时，控制常开触点复位断开，常闭触点复位闭合。

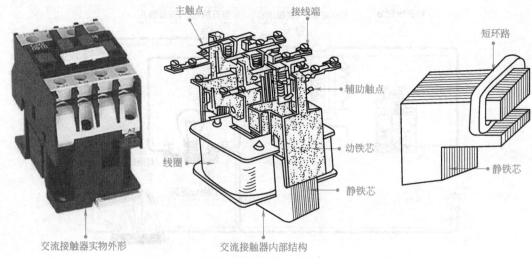

主触点　接线端　短环路

辅助触点

动铁芯

线圈　静铁芯　静铁芯

交流接触器实物外形　　交流接触器内部结构

图3-14　典型交流接触器的实物外形及内部结构

图3-15所示为交流接触器的连接关系。从图可看出，该交流接触器KM线圈连接在不闭锁的常开按钮SB（启动按钮）与电源总开关QF（总断路器）之间；常开主触点KM-1连接在电源总开关QF与三相交流电动机之间，用于控制电动机的启动与停机；常闭辅助触点KM-2连接在电源总开关QF与停机指示灯HL1之间，用于控制指示灯HL1的点亮与熄灭；常开辅助触点KM-3连接在电源总开关QF与运行指示灯HL2之间，用于控制指示灯HL2的点亮与熄灭。合上电源总开关QF，电源经交流接触器KM的常闭辅助触点KM-2为停机指示灯HL1供电，HL1点亮。

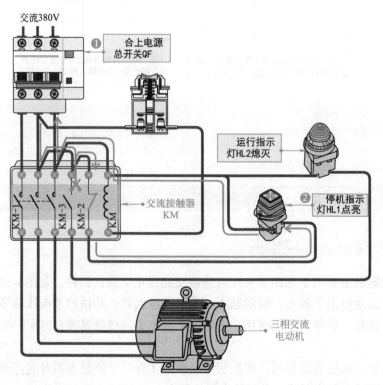

交流380V

❶ 合上电源
总开关QF

运行指示
灯HL2熄灭

❷ 停机指示
灯HL1点亮

交流接触器
KM

三相交流
电动机

KM-1　KM-3　KM-2　KM

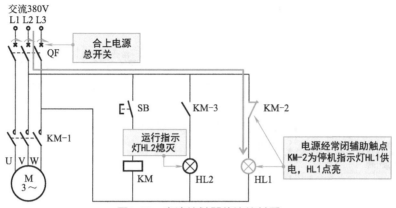

图3-15　交流接触器的连接关系

图3-16所示为电路接通时交流接触器的控制关系。按下启动按钮SB时，电路接通，交流接触器KM线圈得电，常开主触点KM-1闭合，三相交流电动机接通三相电源启动运转；常闭辅助触点KM-2断开，切断停机指示灯HL1的供电电源，HL1熄灭；常开辅助触点KM-3闭合，运行指示灯HL2点亮，指示三相交流电动机处于工作状态。

松开启动按钮SB时，电路断开，交流接触器KM线圈失电，常开主触点KM-1复位断开，切断三相交流电动机的供电电源，电动机停止运转；常闭辅助触点KM-2复位闭合，停机指示灯HL1点亮，指示三相交流电动机处于停机状态；常开辅助触点KM-3复位断开，切断运行指示灯HL2的供电电源，HL2熄灭。

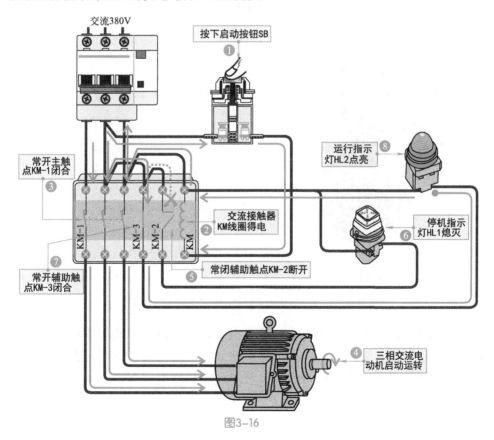

图3-16

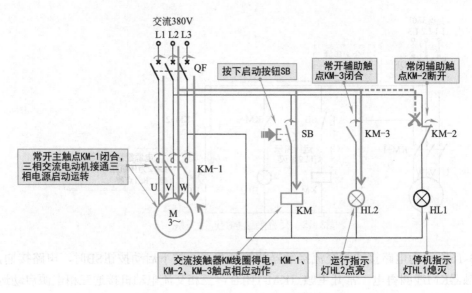

图3-16　电路接通时交流接触器的控制关系

3.3.2　直流接触器的控制关系

直流接触器是一种用于远距离接通与分断直流供电电路的器件，主要由灭弧罩、静触点、动触点、吸引线圈、复位弹簧等部分组成，如图3-17所示。

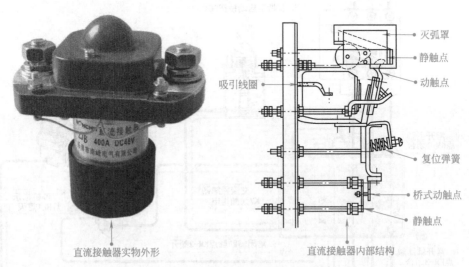

图3-17　典型直流接触器的实物外形及内部结构

直流接触器和交流接触器的结构虽有不同，但其控制方式基本相同，都是通过线圈得电，控制常开触点闭合，常闭触点断开；而当线圈失电时，控制常开触点复位断开，常闭触点复位闭合。分析时可参照交流接触器的控制关系进行，在此不再赘述。

3.4

传感器的控制关系

3.4.1 温度传感器的控制关系

温度传感器是一种将温度信号转换为电信号的器件，而检测温度的关键为热敏元件，因此温度传感器也称为热-电传感器，主要用于各种需要对温度进行测量、监视控制及补偿等场合。

图3-18所示为温度传感器的连接关系。从图可看出，该温度传感器采用的是热敏电阻器作为感温器件，热敏电阻器是利用电阻值随温度变化而变化这一特性来测量温度变化的。

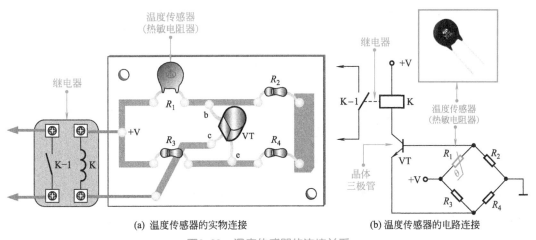

(a) 温度传感器的实物连接　　　(b) 温度传感器的电路连接

图3-18　温度传感器的连接关系

温度传感器根据其感应特性的不同，可分为PTC传感器和NTC传感器两类，其中PTC传感器为正温度系数传感器，即传感器阻值随温度的升高而增大，随温度的降低而减小；NTC传感器为负温度系数传感器，即传感器阻值随温度的升高而减小，随温度的降低而增大。图3-19中采用的为NTC传感器，即负温度系数传感器。

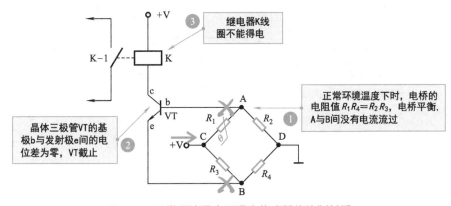

图3-19　正常环境温度下温度传感器的控制关系

图3-19所示为正常环境温度下温度传感器的控制关系。在正常环境温度下时，电桥的电阻值$R_1/R_2＝R_3/R_4$，电桥平衡，此时A、B两点间电位相等，输出端A与B间没有电流流过，晶体三极管VT的基极b与发射极e间的电位差为零，晶体三极管VT截止，继电器K线圈不能得电。

图3-20所示为环境温度升高时温度传感器的控制关系。当环境温度逐渐上升时，温度传感器R_1的阻值不断减小，电桥失去平衡，此时A点电位逐渐升高，晶体三极管VT的基极b电压逐渐增大，此时基极b电压高于发射极e电压，晶体三极管VT导通，继电器K线圈得电，常开触点K-1闭合，接通负载设备的供电电源，负载设备即可启动工作。

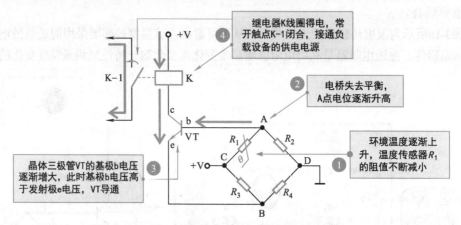

图3-20　环境温度升高时温度传感器的控制关系

图3-21所示为环境温度降低时温度传感器的控制关系。当环境温度逐渐下降时，温度传感器R_1的阻值不断增大，此时A点电位逐渐降低，晶体三极管VT的基极b电压逐渐减小，当基极b电压低于发射极e电压时，晶体三极管VT截止，继电器K线圈失电，常开触点K-1复位断开，切断负载设备的供电电源，负载设备停止工作。

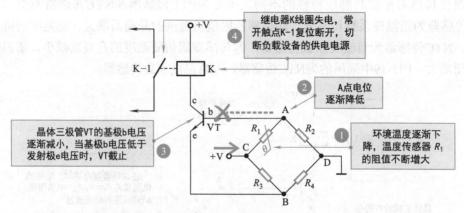

图3-21　环境温度降低时温度传感器的控制关系

3.4.2　湿度传感器的控制关系

湿度传感器是一种将湿度信号转换为电信号的器件，主要用于工业生产、天气预报、食品加工等行业中对各种湿度进行控制、测量和监视。

图3-22所示为湿度传感器的连接关系。从图可看出，该湿度传感器采用的是湿敏电阻器作为湿度测控器件，湿敏电阻器是利用电阻值随湿度变化而变化这一特性来测量湿度变化的。

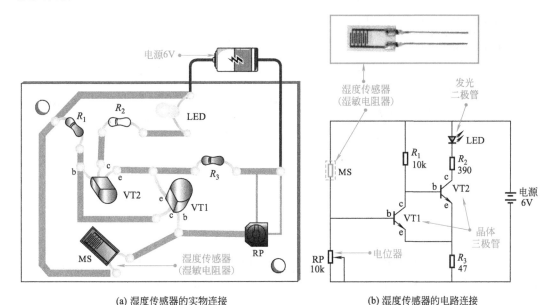

(a) 湿度传感器的实物连接   (b) 湿度传感器的电路连接

图3-22　湿度传感器的连接关系

图3-23所示为环境湿度减小时湿度传感器的控制关系。当环境湿度减小时，湿度传感器MS的阻值较大，晶体三极管VT1的基极b为低电平，使基极b电压低于发射极e电压，晶体三极管VT1截止；此时晶体三极管VT2基极b电压升高，基极b电压高于发射极e电压，晶体三极管VT2导通，发光二极管LED点亮。

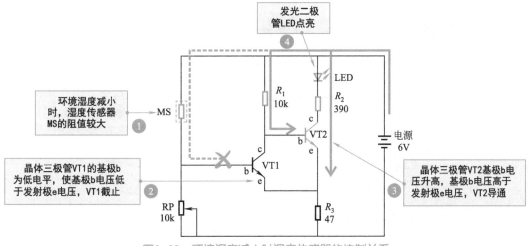

图3-23　环境湿度减小时湿度传感器的控制关系

图3-24所示为环境湿度增加时湿度传感器的控制关系。当环境湿度增加时，湿度传感器MS的阻值逐渐变小，晶体三极管VT1的基极b电压逐渐升高，使基极b电压高于发射

极e电压，晶体三极管VT1导通，使晶体三极管VT2基极b电压降低，晶体三极管VT2截止，发光二极管LED熄灭。

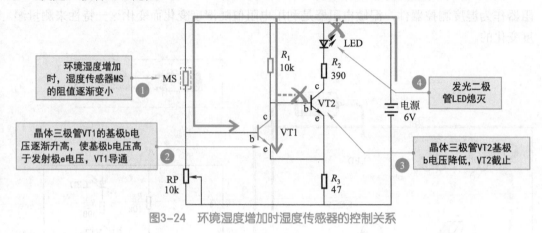

图3-24　环境湿度增加时湿度传感器的控制关系

3.4.3　光电传感器的控制关系

光电传感器是一种能够将可见光信号转换为电信号的器件，也可称为光电器件，主要用于光控开关、光控照明、光控报警等领域中，对各种可见光进行控制。

图3-25所示为光电传感器的连接关系。从图可看出，该光电传感器采用的是光敏电阻器作为光电测控器件，光敏电阻器是一种对光敏感的器件，其电阻值随入射光线的强弱而变化。

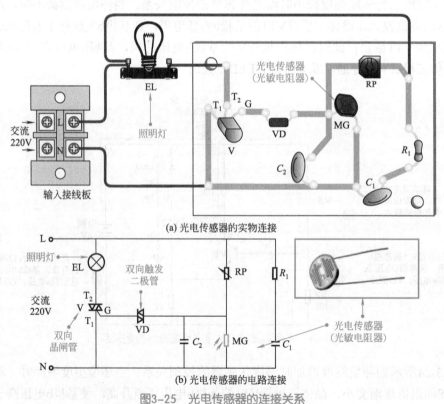

(a) 光电传感器的实物连接

(b) 光电传感器的电路连接

图3-25　光电传感器的连接关系

图3-26所示为环境光照强度较强时光电传感器的控制关系。当环境光较强时，光电传感器MG的阻值较小，使电位器RP与光电传感器MG处的分压值变低，不能达到双向触发二极管VD的触发电压值，双向触发二极管VD截止，进而使双向晶闸管V也截止，照明灯EL熄灭。

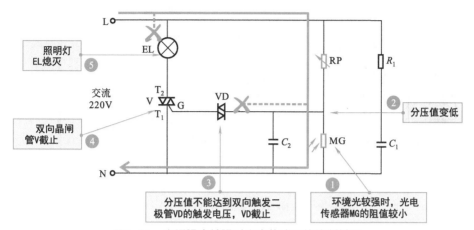

图3-26 光照强度较强时光电传感器的控制关系

图3-27所示为环境光照强度较弱时光电传感器的控制关系。当环境光较弱时，光电传感器MG的阻值变大，使电位器RP与光电传感器MG处的分压值变高，随着光照强度的逐渐减弱，光电传感器MG的阻值逐渐变大，当电位器RP与光电传感器MG处的分压值达到双向触发二极管VD的触发电压时，双向触发二极管VD导通，进而触发双向晶闸管V也导通，照明灯EL点亮。

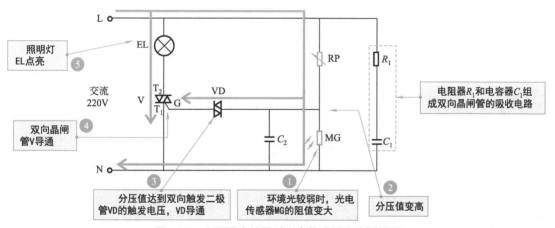

图3-27 光照强度较弱时光电传感器的控制关系

3.4.4 气敏传感器的控制关系

气敏传感器是一种将气体信号转换为电信号的器件，它可检测出环境中某种气体及浓度，并将其转换成不同的电信号，该传感器主要用于可燃或有毒气体泄漏的报警电路中。

图3-28所示为气敏传感器的连接关系。从图可看出，该气敏传感器采用的是气敏电阻器作为气体检测器件，气敏电阻器是利用电阻值随气体浓度变化而变化这一特性来进行气体测量的。

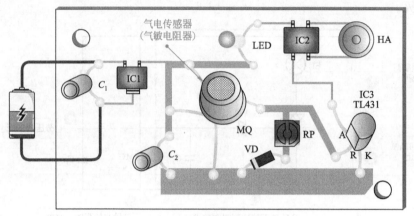

(a) 气敏传感器的实物连接

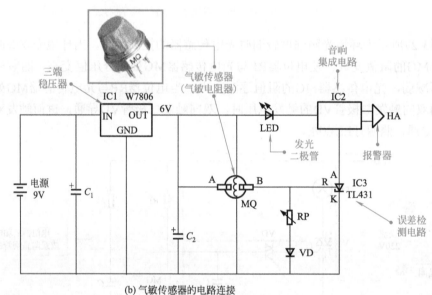

(b) 气敏传感器的电路连接

图3-28　气敏传感器的连接关系

图3-29所示为纯净空气中气敏传感器的控制关系。电路开始工作时，9V直流电源经滤波电容器C_1滤波后，由三端稳压器稳压输出6V直流电源，再经滤波电容器C_2滤波后，为气体检测控制电路提供工作条件。

在空气中，气敏传感器MQ的阻值较大，其B端为低电平，误差检测电路IC3的输入极R电压较低，IC3不能导通，发光二极管LED不能点亮，报警器HA无报警声。

图3-30所示为有害气体泄漏时气敏传感器的控制关系。当有害气体泄漏时，气敏传感器MQ的阻值逐渐变小，其B端电压逐渐升高，当B端电压升高到预设的电压值时（可通过电位器RP进行调节），误差检测电路IC3导通，接通音响集成电路IC2的接地端，IC2工作，发光二极管LED点亮，报警器HA发出报警声。

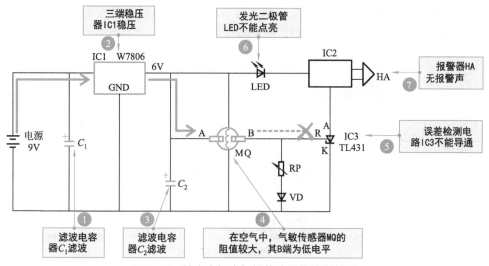

图3-29 纯净空气中气敏传感器的控制关系

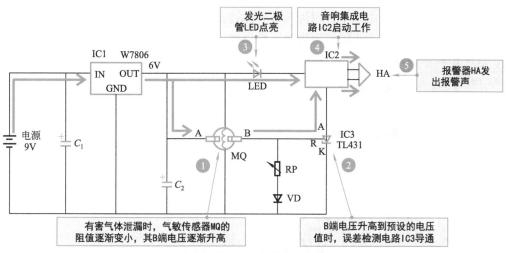

图3-30 有害气体泄漏时气敏传感器的控制关系

3.5

保护器的控制关系

保护器是一种保护电路的器件，只允许安全限制内的电流通过，当电路中的电流量超过保护器的额定电流时，保护器会自动切断电路，对电路中的负载设备进行保护。本节以熔断器、漏电保护器、温度继电器、过热保护继电器为例来讲解保护器的控制关系。

3.5.1 熔断器的控制关系

熔断器在电路中的作用是检测电流通过的量，当电路中的电流超过熔断器规定值一段时间时，熔断器会以自身产生的热量使熔体熔化，从而使电路断开，起到保护电路的作用。

图3-31所示为熔断器的连接关系。从图可看出熔断器串联在被保护电路中，当电路出现过载或短路故障时，熔断器熔断切断电路进行保护。

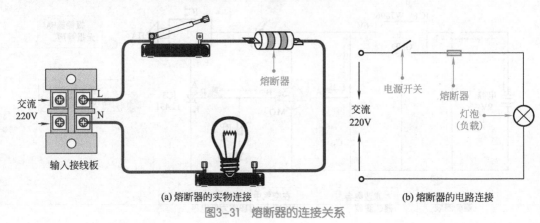

(a) 熔断器的实物连接　　　　　　　(b) 熔断器的电路连接

图3-31　熔断器的连接关系

图3-32所示为熔断器的控制关系。闭合电源开关，接通灯泡电源，灯泡点亮，电路正常工作；当灯泡之间由于某种原因而被导体连在一起时，电源被短路，电流不再流过灯泡，此时回路中仅有很小的电源内阻，使电路中的电流很大，流过熔断器的电流也很大，这时熔断器会自身熔断，切断电路，进行保护。

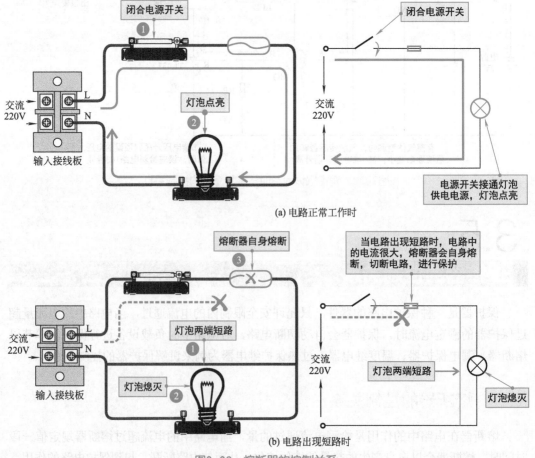

(a) 电路正常工作时

(b) 电路出现短路时

图3-32　熔断器的控制关系

3.5.2 漏电保护器的控制关系

漏电保护器是一种具有漏电、触电、过载、短路保护功能的保护器件，对于防止触电伤亡事故以及避免因漏电电流而引起的火灾事故具有明显的效果。

图3-33所示为漏电保护器的连接关系。从图可看出，相线L和零线N经过带有漏电保护器的断路器的支路，当电路出现漏电、触电、过载、短路故障时，通过漏电保护器切断电路进行电路及人身安全的保护。

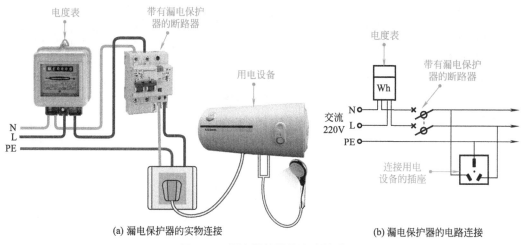

(a) 漏电保护器的实物连接　　　　　　(b) 漏电保护器的电路连接

图3-33　漏电保护器的连接关系

📖 **提示说明**

漏电检测原理如图3-34所示。当被保护电路发生漏电或有人触电时，由于漏电电流的存在，使供电电流大于返回电流。

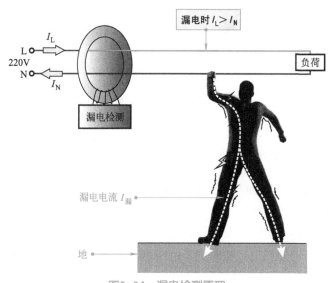

图3-34　漏电检测原理

图3-35所示为漏电保护器的控制关系。单相交流电经过电度表及漏电保护器后为用电设备进行供电，正常时火线端L的电流与零线端N的电流相等，回路中剩余电流量几乎为零；当发生漏电或触电情况时，火线端L的一部分电流流过触电人身体到地，而出现火线端L的电流大于零线端N的电流，回路中产生剩余的电流量，漏电保护器感应出剩余的电流量，切断电路进行保护。

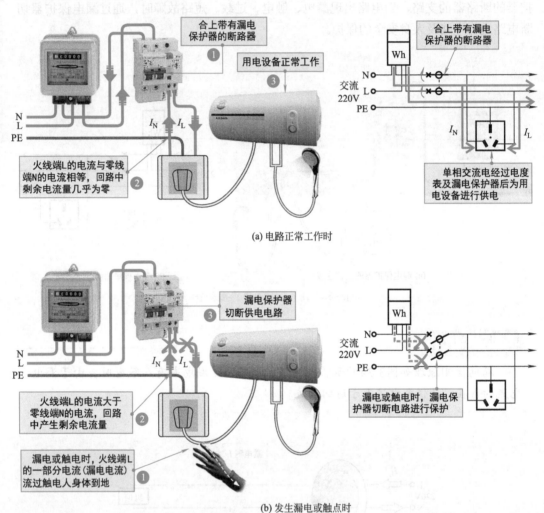

(a) 电路正常工作时

(b) 发生漏电或触点时

图3-35　漏电保护器的控制关系

3.5.3　温度继电器的控制关系

温度继电器主要由电阻加热丝、碟形双金属片、一对动静触点和两个接线端子组成，如图3-36所示。

温度继电器是一种用于防止负载设备因温度过高或过电流而烧坏的保护器件，其感温面紧贴在负载设备的外壳上，接线端子与供电电路串联一起，图3-37所示为温度继电器的连接关系。

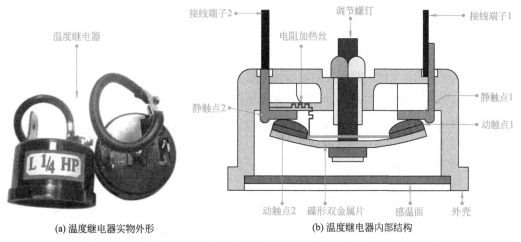

(a) 温度继电器实物外形 　　　(b) 温度继电器内部结构

图3-36　温度继电器的实物外形及内部结构

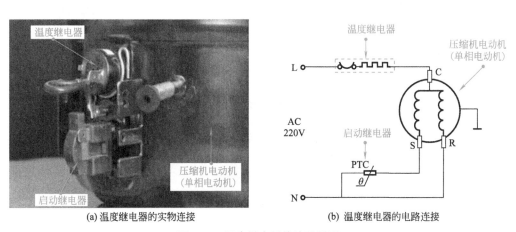

(a) 温度继电器的实物连接 　　　(b) 温度继电器的电路连接

图3-37　温度继电器的连接关系

当负载设备温度过高或流过的电流过大时，温度继电器断开，切断电路，进行设备及电路的保护。

图3-38所示为正常温度下温度继电器的控制关系。正常温度下，交流220V电源经温

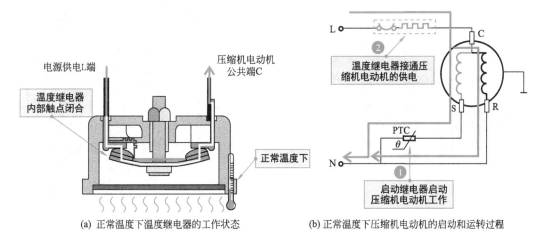

(a) 正常温度下温度继电器的工作状态 　　　(b) 正常温度下压缩机电动机的启动和运转过程

图3-38　正常温度下温度继电器的控制关系

度继电器内部闭合的触点，接通压缩机电动机的供电，启动继电器启动压缩机电动机工作，待压缩机电动机转速升高到一定值时，启动继电器断开启动绕组，启动结束，压缩机电动机进入正常的运转状态。

图3-39所示为温度过高时温度继电器的控制关系。当压缩机电动机温度过高时，温度继电器的碟形双金属片受热反向弯曲变形，断开压缩机电动机的供电电源，起到保护作用。

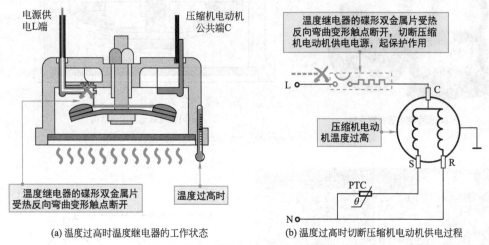

(a) 温度过高时温度继电器的工作状态　　(b) 温度过高时切断压缩机电动机供电过程

图3-39　温度过高时温度继电器的控制关系

待压缩机电动机和温度继电器的温度逐渐冷却时，双金属片又恢复到原来的形态，触点再次接通，压缩机电动机再次启动运转。

3.5.4　过热保护继电器的控制关系

过热保护继电器是利用电流的热效应来推动动作机构使其内部触点闭合或断开的，主要用于电动机的过载保护、断相保护、电流不平衡保护以及热保护，主要由复位按钮、常闭触点、动作机构以及热元件等构成，如图3-40所示。

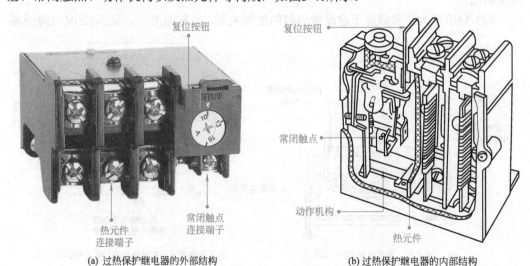

(a) 过热保护继电器的外部结构　　　　　　(b) 过热保护继电器的内部结构

图3-40　过热保护继电器的实物外形及内部结构

图3-41所示为过热保护继电器的连接关系。从图可看出，该过热保护继电器FR连接在主电路中，用于主电路的过载、断相、电流不平衡以及三相交流电动机的过热保护；常闭触点FR-1连接在控制电路中，用于控制控制电路的通断。合上电源总开关QF，按下启动按钮SB1，过热保护继电器的常闭触点FR-1接通控制电路的供电，交流接触器KM线圈得电，常开主触点KM-1闭合，接通三相交流电源，电源经过热保护继

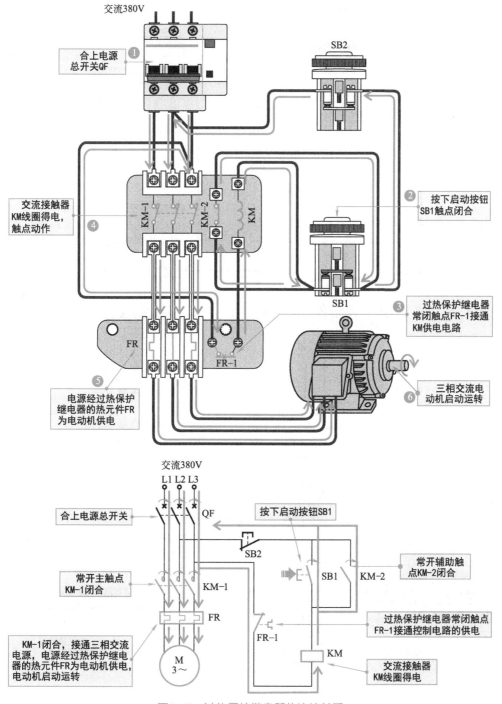

图3-41　过热保护继电器的连接关系

电器的热元件FR为三相交流电动机供电，三相交流电动机启动运转；常开辅助触点 KM-2闭合，实现自锁功能，即使松开启动按钮SB1，三相交流电动机仍能保持运转 状态。

图3-42所示为电路异常时过热保护继电器的控制关系。当主电路中出现过载、

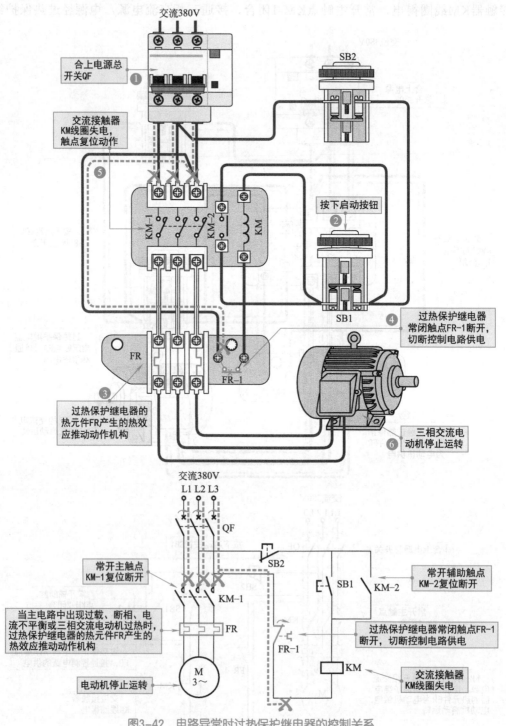

图3-42　电路异常时过热保护继电器的控制关系

断相、电流不平衡或三相交流电动机过热时，由其过热保护继电器的热元件FR产生的热效应来推动动作机构使其常闭触点FR-1断开，切断控制电路供电电源，交流接触器KM线圈失电，常开主触点KM-1复位断开，切断电动机供电电源，电动机停止运转，常开辅助触点KM-2复位断开，解除自锁功能，从而实现了对电路的保护作用。

待主电路中的电流正常或三相交流电动机温度逐渐冷却时，过热保护继电器FR的常闭触点FR-1复位闭合，再次接通电路，此时只需重新启动电路，三相交流电动机便可启动运转。

第 **4** 章

基本单元电路

4.1

晶体管放大电路和运算放大器

4.1.1　晶体管放大电路

晶体管放大电路主要由具有放大作用的三极管、电阻和电容连接组成。主要有共发射极基本放大电路、共集电极基本放大电路和共基极基本放大电路。

（1）共发射极基本放大电路

共发射极放大电路既有电流放大，又有电压放大，常用于小信号放大。改变电路的静态工作点，可调节电路的电压放大倍数。而电路工作点的调整，主要是通过改变电路参数（R_b、R_c）来实现，负载电阻R_L的变化不影响电路的静态工作点，只影响电路的电压放大倍数。该电路适用于多级放大电路的中间级。

共发射极基本放大电路如图4-1所示，它由一只三极管（NPN型）、三只电阻和两个电容构成。R_b通过电源给三极管发射结正向偏置，电源通过R_c使集电结反向偏置。因而三极管工作在放大状态，同时R_c还是集电极输出电阻。电容C_1是把交流输入信号耦合到三极管的基极，同时还起隔直流作用，即直流电源不能加到信号源上；C_2是把经过放大的交流信号耦合到负载，同时不让直流加到负载R_L上，可见两个电容都是起通交流隔直流的作用。

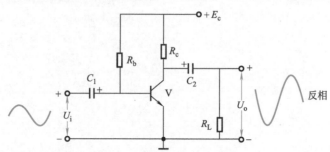

图4-1　共发射极基本放大电路

（2）共集电极基本放大电路

共集电极电路的特点是输出电流被放大，而输出电压的幅度没有放大。放大电路的信号由晶体管基极输入，发射极输出。这种放大电路常用作缓冲放大电路。可带多个负载，输出电压接近输入电压，因而又称射极跟随器。

共集电极基本放大电路如图4-2所示。与其他放大电路不同之处主要有两点：一是将共发射极基本放大电路中的集电极电阻R_c移到了发射极（用R_e表示）；二是输出信号不再取自集电极，而是取自发射极。

由于直流电源对交流信号可视为短路，因此，输入和输出的公共端是集电极，故称为共集电极放大电路。

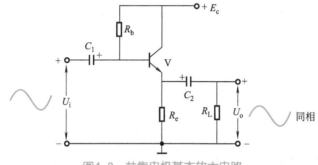

图4-2　共集电极基本放大电路

（3）共基极基本放大电路

三极管的发射极与基极构成的输入回路，集电极是输出端，集电极和基极构成输出回路，基极为输入、输出回路的共同点，所以称之为共基极放大电路。

共基极基本放大电路如图4-3所示，图中4个电阻都是为建立静态工作点设置的，其中R_c还兼有作为集电极输出电阻的作用。电容C_b的作用是使基极交流直接接地。由于输入信号是加在射极和基极间，而输出信号取自集电极和基极间，基极为公共端，故称为共基极放大电路。

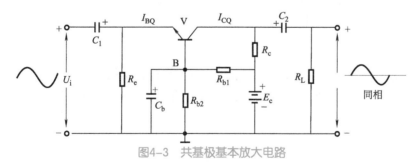

图4-3　共基极基本放大电路

4.1.2　运算放大器

如图4-4所示，运算放大器是具有高输入阻抗、低输出阻抗、宽频带特性和高增益的放大器。它有两个输入端，即反相（−）输入端和同相（+）输入端以及一个输出端。其内部由差动输入级、中间放大级、推挽输出级和各级偏置电路组成。

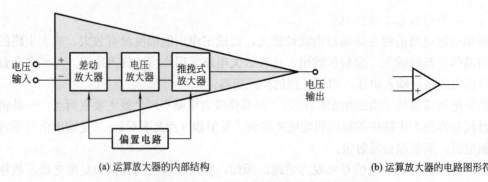

(a) 运算放大器的内部结构　　　　　　　　　　　　　(b) 运算放大器的电路图形符号

图4-4　运算放大器的内部结构和电路图形符号

运算放大器有两个输入端，因此输入信号有三种不同的接入方式，即反相输入、同相输入和差动输入方式。

（1）反相输入方式

作为运算放大器的基本电路，图4-5为反相输入方式的运算放大电路。它是在反相输入端施加输入信号，反馈电阻R_2接在输出端与反相输入端之间，构成电压并联负反馈。同相端接地，其作用是使两个输入端外接电阻相等。

（2）同相输入方式

同相放大电路是将输入电压施加到同相输入端。如图4-6所示。输入信号由同相端输入加入，反馈电阻R_2接到反相输入端。反相端和同相端的电阻R_1和R_3接地，由于反馈信号不是接在同一输入端，所以属电压串联负反馈。

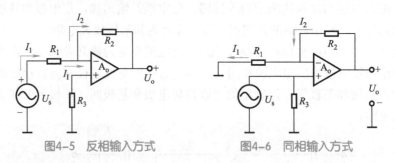

图4-5　反相输入方式　　　　　　　　　图4-6　同相输入方式

（3）差动输入方式

图4-7为差动输入方式，输入信号U_{s1}通过电阻R_1接到反相输入端，输入信号U_{s2}通过电阻R_4接到同相输入端，反馈信号仍是接到反相输入端。只有当$R_1=R_4$，$R_2=R_3$时才满足平衡条件。

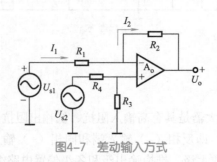

图4-7　差动输入方式

4.2
振荡电路与调制解调电路

4.2.1 振荡电路

　　振荡电路由放大器和反馈电路组成。放大电路的一部分输出信号经反馈电路成为输入信号并维持等幅振荡，这种电路称为振荡电路。图4-8是振荡电路的原理图，电路的主体是一个共发射极放大器，输入端输入的正弦信号加在晶体管的基极上，与集电极输出信号的相位是相反的。这种信号加在电感线圈（L_1）和电感线圈（L_2）绕制成的变压器（T）上，使输出信号反相。这样就可以将变压器（T）的输出反相信号送到放大器的输入端，输入信号和反馈的信号相位相同就能起到信号增强的作用，从而形成振荡。

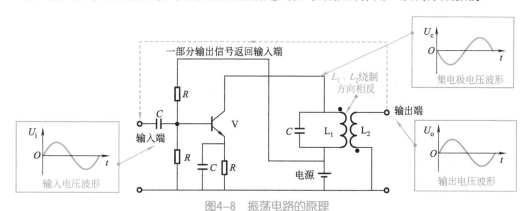

图4-8　振荡电路的原理

（1）LC正弦振荡电路
　　图4-9所示为共射互感耦合LC振荡电路和共基互感耦合LC振荡电路。

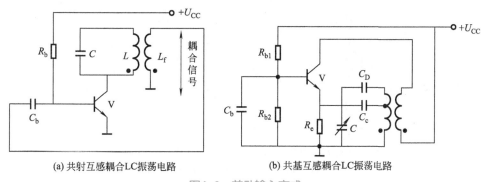

(a) 共射互感耦合LC振荡电路　　　　(b) 共基互感耦合LC振荡电路

图4-9　差动输入方式

　　由图4-9（a）可知，选频回路是LC并联振荡回路，它作为集电极负载，L_f与L通过互感耦合，并将耦合信号送到放大器的输入端。反馈网络接法满足正反馈的相位条件，既满足振荡条件，同时也要满足起振条件$AF>1$。调整L或C，可以改变频率。

图4-9（b）所示共基互感耦合LC振荡电路与图4-9（a）所示共射互感耦合LC振荡电路不同之处有两点：一是谐振回路处于反馈网络中；二是反馈信号由发射极馈入，基极交流接地。

（2）三点式振荡电路

图4-10所示为电感三点式振荡电路和电容三点式振荡电路。

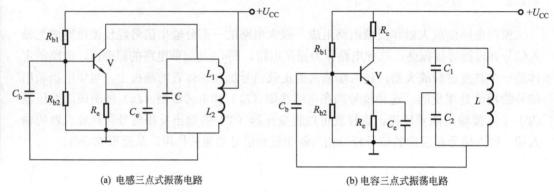

(a) 电感三点式振荡电路　　　　　(b) 电容三点式振荡电路

图4-10　三点式振荡电路

电感三点式振荡电路中，电感L_1和电感L_2的三个引出端直接与三极管的三个电极相接。C_b和C_e对交流都可视作短路，反馈线圈L_2是电感线圈的一段，反馈电压通过L_2送到输入端，实现正反馈。

电容三点式振荡电路的两个电容C_1和C_2的三个引出端交流分别接到三极管的三个电极上。反馈电压从C_2上取出，同样实现正反馈。

（3）石英晶体振荡电路

利用晶体片受到外加交变电场的作用，产生机械振动的特性，如果交变电场的频率与芯片的固有频率一致时，振动会变得十分强烈，这就是晶体的谐振特性。

石英晶体正弦波振荡电路主要分为并联型和串联型两种，如图4-11所示。

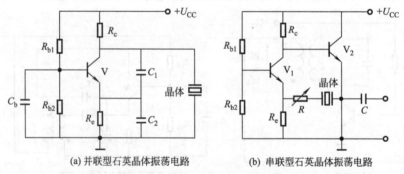

(a) 并联型石英晶体振荡电路　　　　(b) 串联型石英晶体振荡电路

图4-11　石英晶体振荡电路

图4-11（a）为并联型石英晶体振荡电路，在振荡电路中，石英晶体呈交流短路状态。由此可以判断出电路已构成正反馈，形成振荡。

图4-11（b）为串联型石英晶体振荡电路，石英晶体接在V_1和V_2组成的正反馈电路中，当工作频率等于晶体的串联谐振频率时，石英晶体阻抗最小，这时正反馈最强，满足振荡条件。

4.2.2 调制解调电路

调制是指将低频信号附加在高频信号上的过程，被附加上的低频信号叫调制信号或调制波。将调制信号从已调波信号中取出的过程叫解调。

（1）调制电路

通常，声音信号调制的方法有两种，即幅度调制方法和频率调制方法。

幅度调制是使载波的信号幅度随声音信号（调制信号）变化，图4-12为幅度调制发射电路。载波信号是由振荡电路产生的，它产生一个幅度恒定、频率不变的振荡信号。声音信号由话筒变成电信号经放大器放大到足够的幅度，然后两信号都送到调制器中进行调制。调制后的信号就变成了调制波，调制波的载波频率不变，但幅度的变化等于声音信号。于是声音信息就加到了载波上，这个载波从天线上发射出去就可以传输得很远。

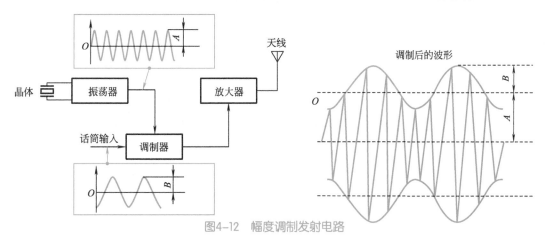

图4-12 幅度调制发射电路

📖 **提示说明**

频率调制简称FM调制，它是使载波的频率随调制信号变化，而载波幅度不变的一种调制方式。其最大的优点是可以克服幅度噪声的干扰，因为它可以利用限幅器将幅度变化的噪声消除，因而具有音质好、失真小的特点。其信号波形如图4-13所示。

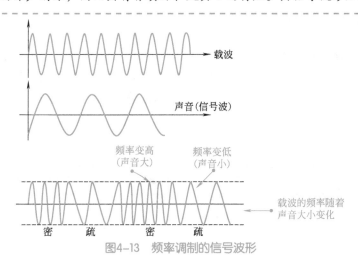

图4-13 频率调制的信号波形

（2）解调电路

从已调制中检取出原调制信号的过程叫做解调。调幅波的解调称为检波。检波是指从高频调幅波中检出调制信号的过程，它是由检波器来完成的。

检波器分为两种：对普通调幅波进行解调的检波器称为包络检波器，其电路框图如图4-14所示。

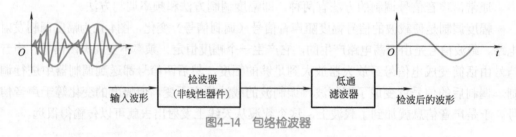

图4-14　包络检波器

对平衡调幅波进行解调的检波器称为同步检波器，其电路框图如图4-15所示。

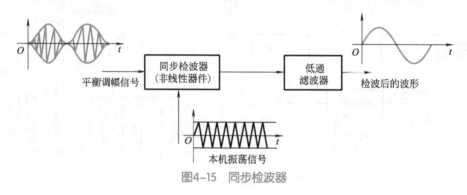

图4-15　同步检波器

4.3

电源电路

4.3.1　线性电源电路

线性电源电路俗称串联稳压电路，如图4-16所示，是先将交流电通过变压器降压、整流，得到脉动直流后再经滤波得到微小波纹的直流电压，最后再由稳压电路输出较为稳定的直流电压。其电路结构简单，可靠性高，目前，在科研、家电、工厂等产品中都有广泛的应用。

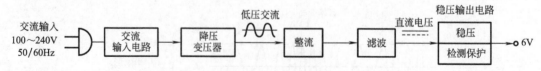

图4-16　线性电源电路的基本工作流程

典型线性电源电路的结构关系见图4-17。

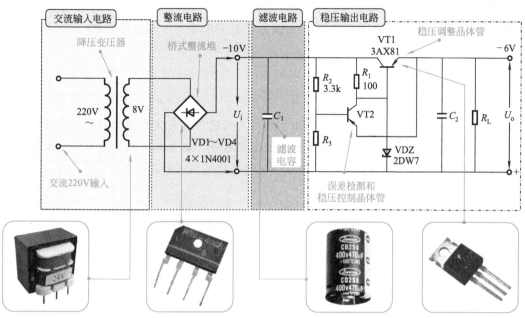

图4-17 典型线性电源电路的结构关系

这是一个典型线性电源电路实用电路，由降压变压器、桥式整流堆、滤波电容以及稳压晶体管等部件组成。根据电路图中各主要部件的功能特点，可划分成交流输入电路单元、整流电路单元、滤波电路单元、稳压输出电路单元。

（1）交流输入电路单元

在交流输入电路单元中，主要是由变压器组成的，变压器的左侧有220V的文字标识，右侧有8V的文字标识，这说明变压器的左侧端（初级绕组）接220V，右侧（次级绕组）得到的是8V，因此，在交流输入电路单元中可以读出：该交流输入电路是将输入的220V交流经变压器降压后，在变压器的次级绕组上得到了8V的交流电压。

（2）整流电路单元

在整流电路单元，主要是由桥式整流堆VD1～VD4组成，该桥式整流堆的上下两个引脚分别连接降压变压器次级输出的交流8V电压，左右引脚输出直流-10V电压，由此可知，该桥式整流堆的主要功能是将交流8V电压整流输出-10V的直流电压。

（3）滤波电路单元

在滤波电路单元，主要是由滤波电容C_1组成的，它可将桥式整流堆输出的-10V的脉动直流电压进行平滑滤波。

（4）稳压输出电路单元

该稳压输出电路分为两部分，分别为稳压电路和检测保护电路。其中，稳压电路部分由VT1、VDZ和R_L构成。输出检测和保护电路是由VT2和偏置元件构成的。

当稳压电路正常工作时，VT2发射极电位等于输出端电压，而基极电位由U_i经R_2和R_3分压获得，发射极电位低于基极电位，发射结反偏使VT2截止，保护不起作用。当负载短路时，VT2的发射极接地，发射结转为正偏，VT2立即导通，而且由于

R_2取值小，一旦导通，很快就进入饱和。其集-射极饱和压降近似为零，使VT1的基-射之间的电压也近似为零，VT1截止，起到了保护调整管VT1的作用。而且，由于VT1截止，对U_i无影响，因而也间接地保护了整流电源。一旦故障排除，电路即可恢复正常。

📖 **提示说明**

在一些线性电源电路中，通常还会使用三端稳压器来代替稳压调整晶体管，稳压调整晶体管和外围元器件都集成在三端稳压器中，在电路中都是对整流滤波电路输出的电压进行稳压，图4-18所示为空调器电路中的直流稳压电路。

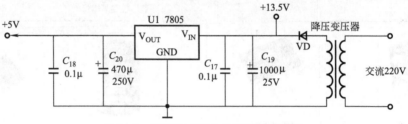

图4-18　空调器电路中的直流稳压电路

空调器中的控制电路器件需要直流电源，图中三端稳压器U1是+5V三端稳压器（7805），该芯片有三个引脚，输入13.5 V，输出+5V。输入电压是由降压变压器降压后经整流滤波后形成的，接在电路中的电容是用以平滑、滤波的，使直流电压稳定。

4.3.2　开关电源电路

开关电源电路实际上是由交流输入滤波电路、桥式整流电路（或桥式整流堆）、开关振荡电路、开关变压器以及整流滤波和输出电路构成的，如图4-19所示。

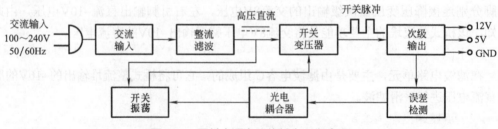

图4-19　开关电源电路的基本工作流程

用这种方式，由于开关振荡电路产生的脉冲频率较高，变压器和电解电容器的体积会大大减小；而且采用开关脉冲的工作方式，电源的效率会大大提高，因而在电视机、电脑显示器等家电设备中都采用开关电源。

典型开关电源电路的结构关系见图4-20。

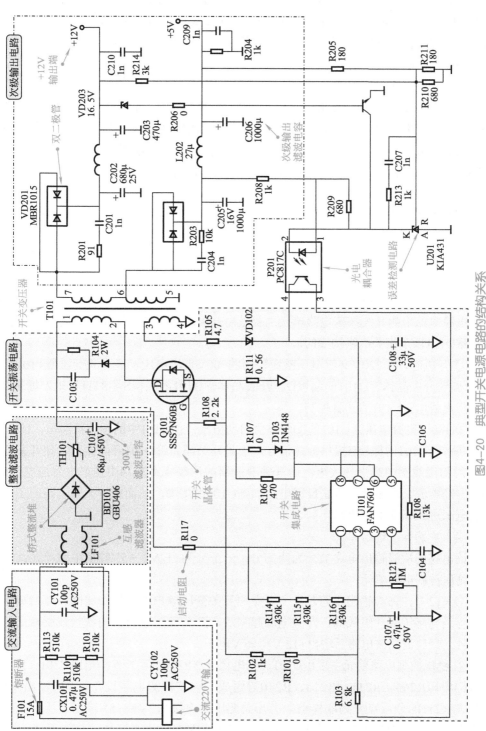

图4-20 典型开关电源电路的结构关系

这是LG-1715S液晶电脑显示器开关电源电路,由熔断器F101,互感滤波器LF101,滤波电容CX101、CY101、CY102,桥式整流堆BD101,滤波电容C101,开关场效应晶体管Q101,开关振荡控制集成电路U101,开关变压器T101,光电耦合器P201,误差检测电路U201(KIA431)及取样电阻R205、R211、R214、R210等部分构成的。根据电路图中各主要部件的功能特点,可划分成交流输入电路单元、整流滤波电路单元、开关振荡电路单元、次级输出电路单元。

(1)交流输入电路单元

交流输入电路是由熔断器F101,互感滤波器LF101,滤波电容CX101、CY101、CY102等部分构成的,其主要功能是滤除交流电路中的噪声和脉冲干扰。在电路的左侧为交流输入端,交流220 V电压经插座送入电路内部,经熔断器F101和滤波电容CX101、CY101、CY102滤波后,送入互感滤波器LF101滤波后输出。

(2)整流滤波电路单元

电源电路中的整流滤波电路单元主要是由桥式整流堆BD101、滤波电容C101、开关变压器T101等部分组成的。

滤波后的220 V交流电压由桥式整流堆BD101整流、滤波电容C101滤波后,变成约300 V的直流电压,加到开关变压器T101的1脚,并为开关振荡集成电路提供直流偏压。

(3)开关振荡电路单元

电源电路中的开关振荡电路单元主要是由开关场效应晶体管Q101,开关振荡控制集成电路U101以及相关电路构成的。

① 开机时,由220V交流电压整流输出的300V直流电压,经开关变压器T101初级绕组1-2加到开关晶体管Q101的漏极D。开关晶体管Q101的源极S经R111接地,栅极G受开关振荡集成电路U101的⑥脚控制。

② 300 V直流电压为U101的①脚提供启动电压,使U101中的振荡器起振,U101再为开关晶体管Q101的栅极G提供振荡信号,于是开关晶体管Q101开始振荡,使开关变压器T101的初级线圈中产生开关电流。开关变压器的次级绕组3、4中便产生感应电流,3脚的输出经整流、滤波后形成正反馈电压加到U101的⑦脚,从而维持振荡电路的工作,使开关电源进入正常工作状态。

(4)次级输出电路单元

该电路的次级输出电路被分为两部分:一部分为+12V、+5V输出电路单元;另一部分为稳压控制电路单元。

① +12 V、+5 V输出电路单元主要是由开关变压器T101的次级线圈、双二极管、滤波电容及电感等部件组成的。开关电源起振后,开关变压器T101的次级线圈输出开关脉冲信号,经整流滤波电路后输出+12 V和+5 V电压。

② 稳压控制电路单元主要由U101、光电耦合器P201、误差检测电路U201(KIA431)及取样电阻R205、R211、R214、R210等组成。误差检测电路设在+5V的输出电路中,R205与R211的分压点作为取样点。当开关变压器次级+12V或+5V输出电压升高时,经取样电阻分压加至U201的R端电位升高,U201的K端电压则降低,使流经光电耦合器P201内部发光二极管的电流增大,其发光管亮度增强,光敏三极管导通程度增强,最终使其内部振荡电路降低输出驱动脉冲占空比,使开关管Q101的导通时间缩短,输出

电压降低。如果输出电压降低，则T101输出驱动脉冲占空比升高，这样使输出电压保持稳定。

4.4

数字电路

4.4.1 逻辑门电路

逻辑门电路是最基本的电子电路，它实际上是一种信号控制电路。当输入信号符合特定的逻辑关系时，它输出的是一种电平信号，当输入信号不符合这种逻辑关系时，它输出另一种不同的电平信号。最基本的逻辑电路有与门（AND）电路、或门（OR）电路和非门（NOT）电路等，其电路结构和逻辑符号如图4-21所示。

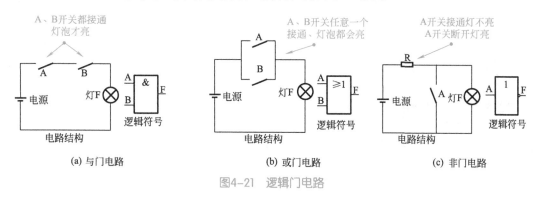

图4-21 逻辑门电路

4.4.2 脉冲信号产生电路

脉冲信号是指一种持续时间极短的电压或电流波形。从广义上讲，凡不具有持续正弦形状的波形，几乎都可以称为脉冲信号。它可以是周期性的，也可以是非周期性的。

图4-22为常见的脉冲信号波形。

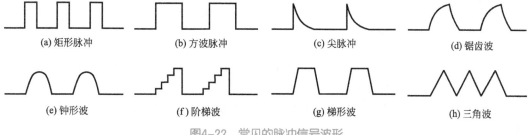

图4-22 常见的脉冲信号波形

键控脉冲信号产生电路是一种利用键盘输入电路的脉冲信号产生电路。

图4-23为键盘输入电路。这是一种典型的实用脉冲信号产生电路。该电路主要是由

操作按键S，反相器（非门）A、B、C、D，与非门E等组成的，其中操作按键与反相器、与非门共同起到产生脉冲信号的作用。

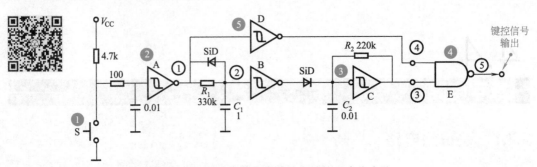

图4-23 利用键盘输入电路的脉冲信号产生电路

反相器的作用是其输出信号的相位与输入信号相反，与非门则是在与门输出端又增加了一个非门。

当按动一下开关S（图中的❶），反相器A（图中的❷）的①脚会形成启动脉冲，②脚的电容被充电形成积分信号，②脚的充电电压达到一定电压值时，反相器控制脉冲信号产生电路C（图中的❸）开始振荡，③脚输出脉冲信号，同时①脚的信号经反相器D（图中的❺）后，加到与非门E（图中的❹），⑤脚输出键控信号。

📖 **提示说明**

该过程中①～⑤处的信号波形见图4-24。

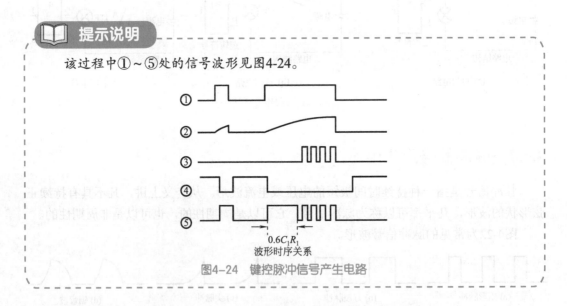

图4-24 键控脉冲信号产生电路

图4-25为典型方波信号产生电路。该电路主要是由振荡器CD4060、晶体X_1、补偿电容C_1、C_2及外围元器件构成的。

其中，CD4060内部振荡电路与外接的晶体X_1构成晶体振荡器，用于产生脉冲信号波形。

当直流12 V电压（图中的❶）加到该电路中后，集成电路IC（CD4060）（图中的❷）开始工作，其内部的振荡电路通过⑩脚、⑪脚与外接晶体X_1（图中的❸）构成晶体振荡器，产生脉冲信号，该振荡信号经IC内部一级放大后，直接由IC内部的

固定分频器（1/4096）分频，然后从IC的①脚输出，因此从①脚得到的输出频率为
4.096MHz/4096=1kHz。从⑨脚输出的信号，则输出频率为4.096MHz。

该电路中R_1（图中的❹）为反馈电阻，以确定CD4060内部门电路的工作点。C_2为频率调节电容，调节C_2（图中的❺）可将振荡频率调整到准确值。

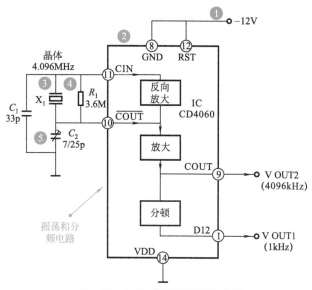

图4-25 1kHz方波信号产生电路

4.4.3 定时电路

定时电路主要的目的是调节时间，在特定的时间点上执行工作。典型定时电路见图4-26。这是一个简易定时电路，它主要由一片14位二进制串行计数/分频集成电路IC1和供电电路等组成。IC1内部电路与外围元件R_4、R_5、RP1及C_4组成RC振荡电路。

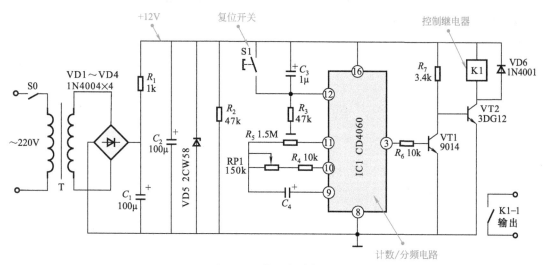

图4-26 典型定时电路

当振荡信号在IC1内部经14级二分频后，在IC1的③脚输出经8192（2^{13}）次分频信号，也就是说，若振荡周期为T，利用IC1的③脚输出作延时，则延时时间可达8192T，调节RP1可使T变化，从而起到了调节定时时间的目的。

开机时，电源供电经电容C_3使IC1清零，随后IC1便开始计时，经过8192T时间后，IC1③脚输出高电平脉冲信号，使VT1导通，VT2截止，此时继电器K1因失电而停止工作，其触点即起到了定时控制的作用。

电路中的S1为复位开关，若要中途停止定时，只要按动一下S1，则IC1便会复位，计数器便又重新开始计时。电阻R_2为C_3提供放电回路。

4.4.4　延时电路

延时电路的目的是起到暂缓执行的控制命令的作用，如延迟启动、延迟关闭等。典型延时电路见图4-27。

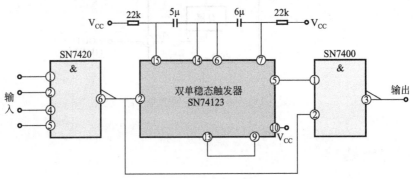

图4-27　典型延时电路

该电路中SN74123为双单稳IC，将终端设备的键控输出信号或其他的按键或继电器的输出信号进行延迟，延迟时间为5ms以上，它可以消除按键触点的颤抖。本电路可用于各种电子产品的键控输入电路。

第 5 章

传感器与微处理器控制电路

5.1

传感器控制电路

5.1.1 温度检测控制电路

温度检测控制电路主要是通过温度传感器对周围（环境）温度进行检测，一旦温度发生变化，控制电路便可根据温度的变化执行相应的动作。

（1）典型温度检测控制电路

图5-1为典型温度检测控制电路。温度传感器LM35D将温度检测值转换成直流电压送到电压比较器A2的5脚，A2的6脚为基准设定的电压，基准电压是由A1放大器和W1、W2微调后设定的值，当温度的变换使A2的5脚的电压超过6脚时，A2输出高电平使VT导通，继电器K动作。开始启动被控设备，如加热器等设备。

（2）蔬菜大棚中的典型温度检测控制电路

图5-2为蔬菜大棚中应用的温度检测控制电路。它主要是由温度传感器SL234M，运算放大器LM324、LM358，双时基电路NE556，继电器K和显示驱动电路等部分构成的。温度传感器输出的温度等效电压经多级放大器后在放大器（6）中与设定值进行比较，然后经NE556去控制继电器，再对大棚加热器进行控制，同时将棚内的温度范围通过发光二极管LED显示出来。

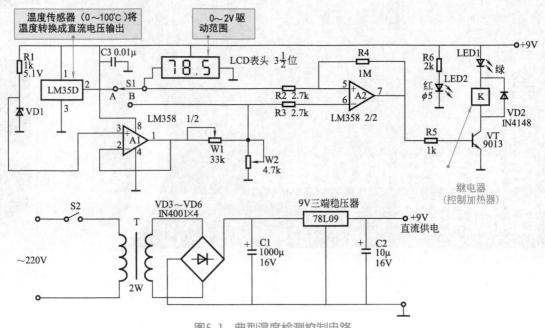

图5-1 典型温度检测控制电路

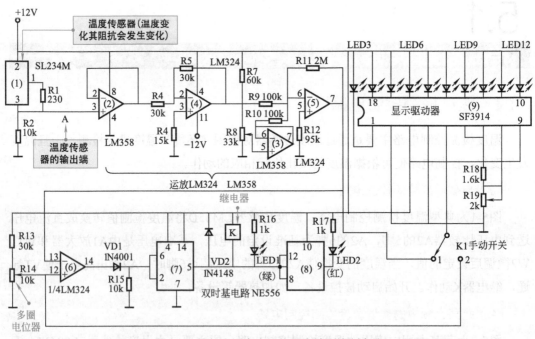

图5-2 蔬菜大棚中应用的温度检测控制电路

（3）高精度温控及数码显示电路

图5-3是高精度温控及数码显示电路，MC1403的2脚输出基准电压，经电位器RP5设定基准值加到IC4反相端（-）。热敏电阻（温度传感器）Pt100加在IC1的负反馈环路中，温度变化热敏电阻的值会随之变化，于是IC1的负反馈量发生变化，IC1的增益随之变化，IC1的输出经IC3形成比较电压加到IC4的同相输入端，与RP5的输出进行比较。比较电压升高使VT导通，继电器动作，控制加热器等设备开始运行。同时将表示温度的电压值

送到A/D变换器ICL7107中，将模拟信号变成数字信号，通过数码显示器将温度值显示出来。

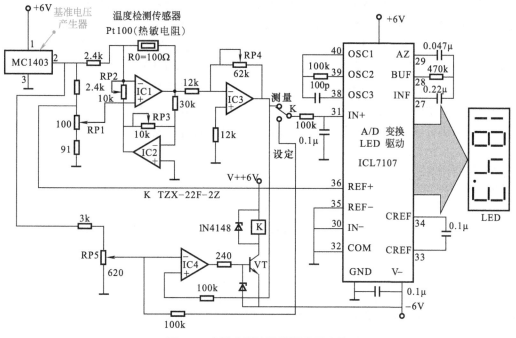

图5-3 高精度温控及数码显示电路

（4）热敏电阻式温度控制电路

图5-4所示是热敏电阻式温度控制电路。该电路采用热敏电阻器作为感温元件。当感应温度发生变化，热敏电阻器便会发生变化，从而进一步控制继电器，使压缩机动作。

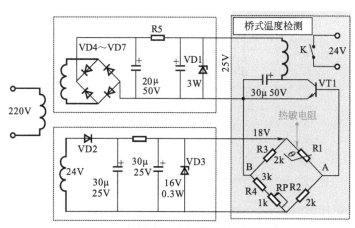

图5-4 热敏电阻式温度控制器的原理

电路中三极管VT1的发射极和基极接在电桥的一个对角线上，电桥的另一对角线接在18V电源上。

RP为温度调节电位器。当RP固定为某一阻值时，若电桥平衡，则A点电位与B点电位相等，VT1的基极与发射极间的电位差为零，三极管VT1截止，继电器K释放，压缩机停止运转。

随着停机后箱内的温度逐渐上升，热敏电阻R1的阻值不断减小，电桥失去平衡，A点电位逐渐升高，三极管VT1的基极电流I_b逐渐增大，集电极电流I_c也相应增大，箱内温度越高，R1的阻值越小，I_b越大，I_c也越大。当集电极电流I_c增大到继电器的吸合电流时，继电器K吸合，接通压缩机电机的电源电路，压缩机开始运转，系统开始进行制冷运行，箱内温度逐渐下降。随着箱内温度的逐步下降，热敏电阻R1阻值逐步增大，此时三极管基极电流I_b变小，集电极电流I_c也变小，当I_c小于继电器的释放电流时，继电器K释放，压缩机电机断电停止工作。停机后箱内的温度又逐步上升，热敏电阻R1的阻值又不断减小，使电路进行下一次工作循环，从而实现箱内温度的自动控制。

📖 **提示说明**

目前，热敏电阻式温度控制器已制成集成电路式，其可靠性较高并且可通过数字显示有关信息。电子式（热敏电阻式）温度控制器是利用热敏电阻作为传感器，通过电子电路控制继电器的开闭，从而实现自动温控检测和自动控制的功能。

图5-5所示为桥式温度检测电路的结构。该电路是由桥式电路、电压比较放大器和继电器等部分组成。在C、D两端接上电源，根据基尔霍夫定律，当电桥的电阻$R_1R_4=R_2R_3$时，A、B两点的电位相等，输出端A与B之间没有电流流过。热敏电阻的阻值R_1随周围环境温度的变化而变化，当平衡受到破坏时，A、B之间有电流输出。因此，在构成温度控制器时，可以很容易地通过选择适当的热敏电阻来改变温度调节范围和工作温度。

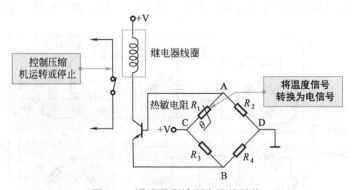

图5-5 桥式温度检测电路的结构

（5）自动检测加热电路

图5-6所示为一种简易的小功率自动加热电路。该电路主要是由电源供电电路和温度检测控制电路构成的。

电源供电电路主要是由电容器C1，电阻器R1，整流二极管VD1、VD2，滤波电容C2和稳压二极管VS等部分构成的；温度检测控制电路主要是由热敏电阻器RT、电位器RP、稳压集成电路IC、电加热器及外围相关元件构成的。

电源供电电路输出直流电压分为两路：一路作为IC的输入直流电压；另一路经RT、

R3和RP分压后，为IC提供控制电压。

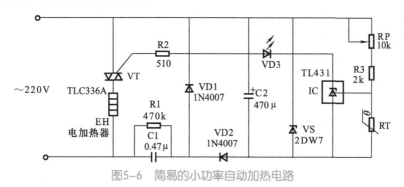

图5-6 简易的小功率自动加热电路

RT为负温度系数热敏传感器，其阻值随温度的升高而降低。当环境温度较低时，RT的阻值较大，IC的控制端分压较高，使IC导通，二极管VD3点亮，VT受触发而导通，电加热器通电开始升温。当温度上升到一定温度后，RT的阻值随温度的升高而降低，使集成电路控制端电压降低，VD3熄灭，VT关断，EH断电停止加热。

图5-7为一种典型的自动检测加热实用电路。该电路主要是由电源电路、温度检测控制电路构成的。

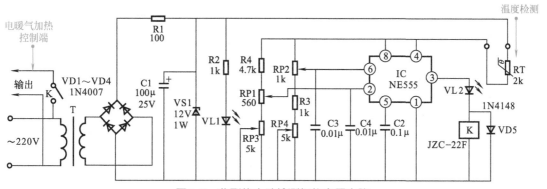

图5-7 典型的自动检测加热实用电路

电路中，电源电路主要由交流输入部分、电源开关K、降压变压器T、桥式整流电路（VD1～VD4）、电阻器R1、电源指示灯VL1、滤波电容器C1和稳压二极管VS1构成。

温度检测电路是由热敏电阻RT、555集成电路IC（NE555）、电位器RP1～RP3、继电器K、发光二极管VL2及外围相关元件构成的。其中，RT为负温度系数热敏电阻，其阻值随温度的升高而降低。

交流220V电压经变压器T降压、桥式整流电路整流、电容滤波、二极管稳压后产生约12V的直流电压，为集成电路IC提供工作电压。当该电路测试到环境温度较低时，热敏电阻器RT的阻值变大，集成电路IC的②脚、⑥脚电压降低，③脚输出高电平，VL2点亮，继电器K得电吸合，其常开触头将电加热器的工作电源接通，使环境温度升高；同样，当环境温度升高的一定温度时，RT的阻值变小，集成电路IC的②脚、⑥脚电压升高，③脚输出低电平，VL2熄灭，继电器K释放，其常开触头将电加热器的工作电源切断，使环境温度逐渐下降。

（6）自动控温加热电路

图5-8为典型的自动控温加热电路。该电路中，加热线圈的温度检测是采用一个负温度系数的热敏电阻，它的标称值是100kΩ。当温度升高时，它的电阻值会迅速下降，这个电阻通过一个插件接到电压比较器U2C的⑨脚。如果温度升高，⑨脚外接电阻的阻值会减小，⑨脚的电压就会下降。U2C的⑨脚的电压下降，⑧脚的输出电压就会上升，变成高电平。⑧脚输出的高电平会使二极管VD17导通，二极管VD17另一端的电压就会升高，从而使晶体管VT8导通，晶体管VT8集电极的电压就会变成低电平，低电平加到U2B的⑤脚，使U2B的⑦脚变成低电平，这样就使U3A的的⑤脚变成低电平，关掉脉宽信号产生电路的输出。

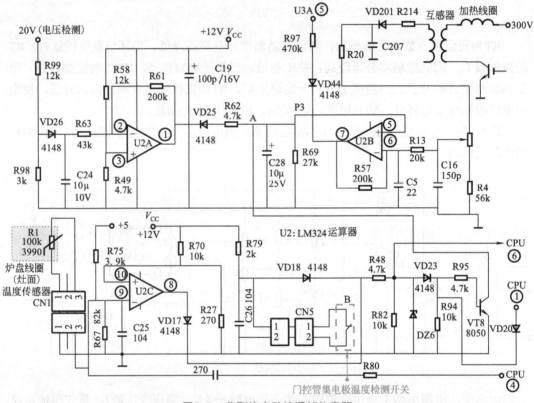

图5-8　典型的自动控温加热电路

门控管集电极处设有一个温度检测开关，它相当于一个温控器。在常温下，温度检测开关是短路的（接通状态），温度检测开关接通就相当于CN5的①脚和地连在一起，为低电平，二极管VD18截止。当门控管的工作时间过长，温度升高到一定程度时（超出额定值），温度检测开关（温控器）就会断开，CN5的①脚电压就会上升，二极管VD18就会导通，高电平加到晶体管VT8的基极，VT8导通，对脉宽信号产生电路进行控制。

5.1.2　湿度检测控制电路

（1）湿度检测报警电路

湿度可以反映大气干湿的程度，测量环境湿度对工业生产、天气预报、食品加工等非常重要。湿敏传感器是对环境相对湿度变换敏感的元件，通常由感湿层、金属电极、引线和衬底基片组成。

图5-9为施密特湿度检测报警电路。可以看到，由三极管VT1和VT2等组成的施密特电路，当环境湿度小时，湿敏电阻器RS电阻值较大，施密特电路输入端处于低电平状态，VT1截止，VT2导通，红色发光二极管点亮；当湿度增加时，RS电阻值减小，VT1基极电流增加，VT1集电极电流上升，负载电阻器R1上电压降增大，导致VT2基极电压减小，VT2集电极电流减小，由于电路正反馈的工作使VT1饱和导通，VT2截止，使VT2的集电极接近电源电压，红色发光二极管熄灭。同样道理，当湿度减小时，导致另一个正反馈过程，施密特电路迅速翻转到VT1截止，VT2饱和导通状态，红色发光二极管从熄灭跃变到点亮。

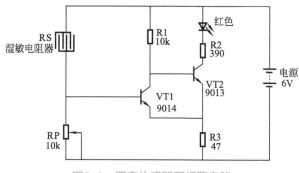

图5-9 湿度传感器和报警电路

（2）土壤湿度指示器电路

图5-10所示是为一种土壤湿度指示器电路，该电路是由湿敏电阻RS和桥式电路构成检测电路，检测的信号经IC（5G24）放大后去驱动发光二极管。通过发光二极管显示湿度情况。

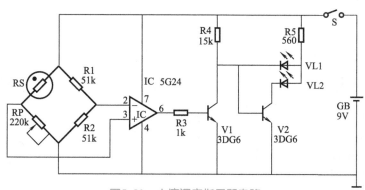

图5-10 土壤湿度指示器电路

（3）自动喷灌控制电路

图5-11所示为典型的喷灌控制电路。该电路主要是由湿度传感器、检测信号放大电路（晶体管VT1、VT2、VT3等）、电源电路（滤波电容C2、桥式整理电路、变压器T）和直流电动机M等构成的。

在电路中，湿度传感器用于检测土壤中的湿度情况，直流电动机M用于带动喷灌设备动作。

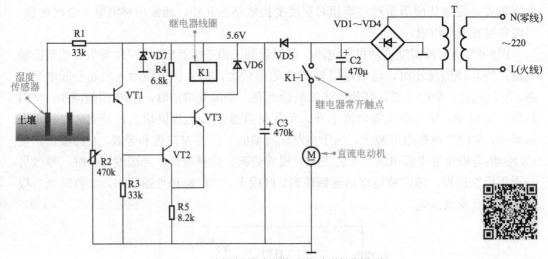

图5-11　由湿敏传感器构成的喷灌控制电路

当喷灌设备工作一段时间后，土壤湿度达到适合农作物生长的条件，此时湿度传感器体现在电路中电阻值变小，此时VT1导通，并为VT2基极提供工作电压，VT2也导通。VT2导通后直接将VT3基极和发射极短路，因此VT3截止，从而使继电器线圈K1失电断开，并带动其常开触点K1-1恢复常开状态，直流电动机断电停止工作，喷灌设备停止喷水。

当土壤变干燥时，湿度传感器之间的电阻值增大，导致VT1基极电位较低，此时VT1截止、VT2截止，VT3的基极由R4提供电流而导通，继电器线圈K1得电吸合，并带动常开触点K1-1闭合，直流电动机接通电源，开始工作。

若电路中的电动机为交流电动机，则可按如图5-12所示电路进行设计连接，电路的工作过程及原理与上述过程相同。

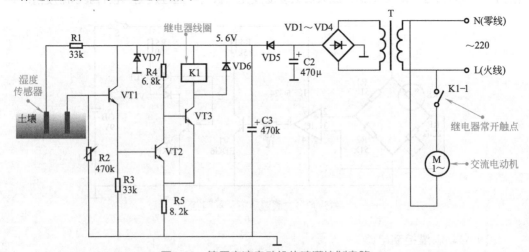

图5-12　使用交流电动机的喷灌控制电路

（4）简单的湿度指示器电路

图5-13所示为由湿度传感器IH-3605构成的湿度指示器电路。该电路主要是由湿度集成传感器IC1（IH-3605）、LED点线驱动显示器IC2（LM3914）及外围元件等构成的。LM3914的内部电路如图5-14所示。该电路可用于需要对湿度进行检测和指示的场合。

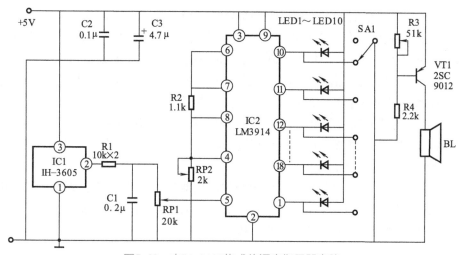

图5-13 由IH-3605构成的湿度指示器电路

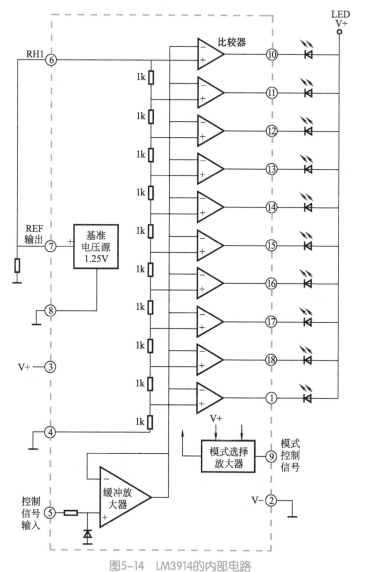

图5-14 LM3914的内部电路

LM3914中有10个电压比较器作为10个发光二极管的驱动器，每个电压比较器的基准电压都是由串联电阻分压电路提供的，其电压值从上至下递减。湿度传感器IC1检测到的湿度信号经R1、RP1后，作为控制信号从IC2的⑤脚输入，经缓冲放大器后输出，并加到10个电压比较器的反相输入端，当比较器的反相输入电压大于该比较器同相端的电压时，该比较器输出低电平，相应的发光二极管点亮。

LM3914中的缓冲放大器输出到电压比较器反相端的电压越高，点亮的二极管越多，当该电压高于图中⑩脚连接的比较器同相端电压时，电路中10个发光二极管全部点亮。

（5）土壤湿度检测显示电路

图5-15所示为由湿敏电阻器构成的土壤湿度检测电路，该电路主要是由湿敏电阻器RS、湿度信号放大电路（IC1、RP1、RP2、R3～R5、R8、VD3等构成）、稳压电源电路等构成，可用于林业、农业等部门检测土壤中是否缺水。

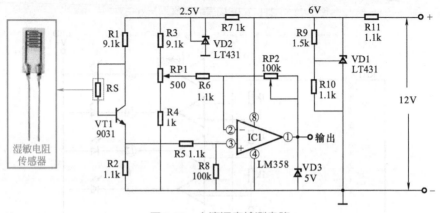

图5-15　土壤湿度检测电路

电路中，湿敏电阻器RS、放大晶体管VT1及R1、R2构成了土壤湿度检测电路，用于检测土壤中湿度的变化，并将该信号传送到湿度信号放大电路中。+12V直流电压送入电路后，首先经电阻器R9～R11分压、稳压二极管VD2稳压后输出+6V电压。+6V电压一路为IC1的⑧脚提供工作电压，一路经R7降压、VD1稳压后输出2.5V电压，为湿度检测电路进行供电。

（6）土壤湿度检测电路

图5-16所示的电路为一种常见的土壤湿度检测电路，该电路的传感器器件是由探头式湿度传感器构成的。

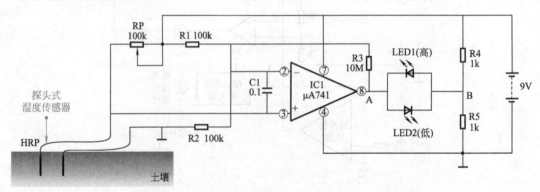

图5-16　由探头式湿度传感器构成的土壤湿度检测电路

该电路主要通过两个发光二极管的显示状态指示土壤的不同湿度状态：当两只二极管都不发光或发光暗淡时，说明土壤湿度适于所种植物的生长；当LED1亮而LED2不亮时，说明土壤湿度过高；当LED1不亮而LED2亮时，显示土壤湿度过低。

湿度传感器的探头是插在被检测的土壤中的，其探头根据所感知土壤湿度呈现不同的电阻值，并与电阻器R1、R2和RP构成桥式电路。首先记录当土壤湿度适合种植物生长时所检测到的电阻值，并通过调节RP的电阻将其设置为与传感器探头两端的土壤电阻值和RP的电阻值相等，此时桥式电路处于平衡状态，运算放大器IC1的两个输入端之间电位差为零，其⑧脚输出电压约为电源电压的一半。由于电阻器R4、R5的分压值也为电源电压的一半，故发光二极管LED1和LED2都不发亮。此时土壤湿度合适。

当土壤过于潮湿时，传感器探头输出的电阻信号远小于RP的阻值，此时电桥失去平衡，则运算放大器IC1的②脚电压大于其③脚电压，IC1的⑧脚输出低电平，此时LED1亮，LED2灭，显示土壤湿度过高。

当土壤过于干燥时，传感器探头输出的电阻信号远高于RP的阻值，也使得电桥失去平衡，IC1的②脚电压小于③脚电压，IC1的⑧脚输出高电平，此时LED1灭，LED2亮，显示土壤湿度过低。

（7）粮库湿度检测和报警电路

图5-17所示为粮库湿度检测电路。该电路主要是由电容式湿度传感器CS，555时基振荡电路IC1，倍压整流电路VD1、VD2及湿度指示发光二极管等构成。

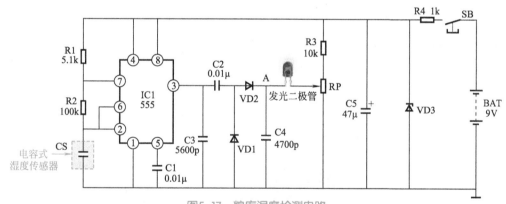

图5-17 粮库湿度检测电路

电路中，电容式湿度传感器用于监测粮食的湿度变化，当粮食受潮、湿度增大时，该电容器的电容量减小，其充放电时间变短，引起时基振荡电路②、⑥脚外接的时间常数变小，则其内部振荡器的谐振频率升高。当IC1的③脚输出的频率升高时，该振荡信号经耦合电容器C2后，由倍压整流电路VD1、VD2整流为直流电压。频率的升高引起A点直流电压的升高，当发光二极管左端电压高于右端电压时，发光二极管发光。

也就是说，当发光二极管发光时，粮食的湿度较大。若该电路用于监测储藏粮食湿度的情况，则当二极管发光时，应对粮库实施通风措施，否则湿度过大，粮食容易变质。

（8）大棚内湿度检测和控制电路

图5-18所示是一种大棚内湿度检测和控制电路。在大棚内设有湿度检测传感器RS（湿敏电阻），当湿度增加时，RS的电阻值会增加；湿度减小后，RS的电阻值也会减小。

经桥式整流电路后，直流电压会上升，这样会将湿度的情况转换成直流电压加到电压比较器IC2的反相输入端。即湿度大时，IC2输出低电平，晶体管VT1截止，加湿器不动作；湿度小时，IC2输出高电平，VT1导通，继电器K动作，使加湿器工作，增加棚内的湿度。三端稳压器IC1为电路提供+12V直流电源。

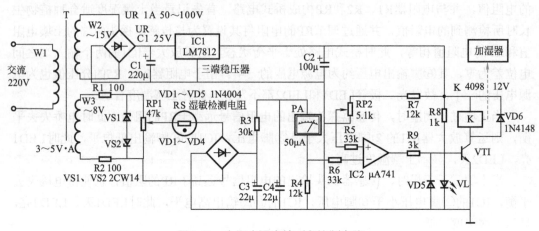

图5-18 大棚内湿度检测和控制电路

5.1.3 气体检测控制电路

（1）瓦斯报警电路

图5-19所示为由气敏电阻器等元件构成的家用瓦斯报警电路，此电路中QM-N10是一个气敏电阻器。220V市电经电源变压器T1降至5.5V左右，作为气敏电阻器QM-N10的加热电压。气敏电阻器QM-N10在洁净空气中的阻值大约为几十千欧，当接触到有害气体时，电阻值急剧下降，它接在电路中使气敏电阻的输出端电压升高，该电压加到与非

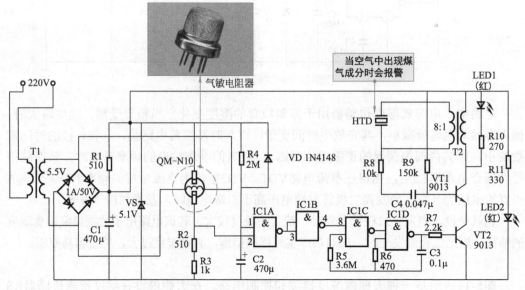

图5-19 由气敏电阻器等构成的家用瓦斯报警电路

门上。由与非门IC1A、IC1B构成一个门控电路，IC1C、IC1D组成一个多谐振荡器。当QM-N10气敏传感器未接触到有害气体时，其电阻值较高，输出电压较低，使IC1A的②脚处于低电位，IC1A的①脚处于高电位，故IC1A的③脚为高电位，经IC1B反相后，其④脚为低电位，多谐振荡器不起振，三极管VT2处于截止状态，故报警电路不发声。一旦QM-N10感测到有害气体时，阻值急剧下降，在电阻R2、R3上的压降使IC1A的②脚处于高电位，此时IC1A的③脚变为低电平，经IC1B反相后变为高电平，多谐振荡器起振工作，三极管VT2周期性地导通与截止，于是由VT1、T2、C4、HTD等构成的正反馈振荡器间歇工作，发出报警声。与此同时，发光二极管LED1闪烁，从而达到有害气体泄漏报警的目的。

气敏电阻器是利用金属氧化物半导体表面吸收某种气体分子时，会发生氧化反应和还原反应而使电阻值改变的特性制成的电阻器。

（2）井下氧浓度检测电路

图5-20所示为一种井下氧浓度检测电路，该电路可用于井下作业的环境中，检测空气中的氧浓度。电路中的氧气浓度检测传感器将检测结果变成直流电压，经电路放大器IC1-1和电压比较器IC1-2后，去驱动晶体管VT1，再由VT1去驱动继电器，继电器动作后触点接通，蜂鸣器发声，提醒氧浓度过低，引起人们的注意。

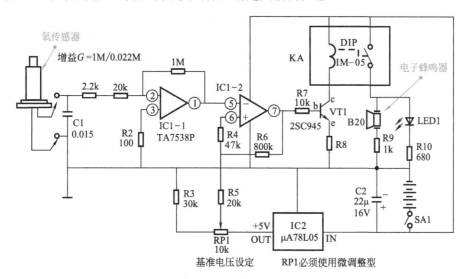

图5-20　井下氧浓度检测电路

5.1.4　光电检测控制电路

（1）光电防盗报警电路

图5-21是具有锁定功能的物体检测和报警电路，可用于防盗报警。如果有人入侵到光电检测的空间，光被遮挡，光敏晶体管截止，其集电极电压上升，使VD1、VT1都导通，晶闸管也被触发而导通，报警灯则发光，只有将开关K1断开一下，才能解除报警状态。

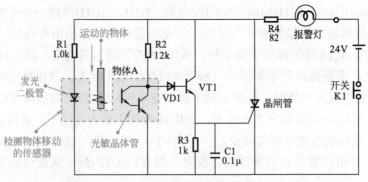

图5-21 光电防盗报警（移动物体检测）电路

（2）光控交流开关电路

使用两个PS3001控制的交流开关电路，如图5-22所示。使用一个PS3001的光控交流开关电路如图5-23所示。

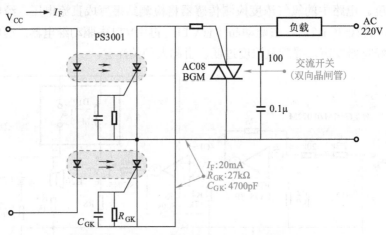

图5-22 使用两个PS3001的光控交流开关电路

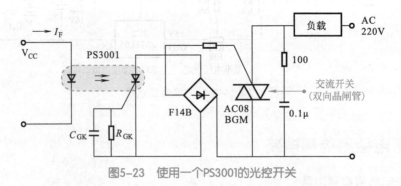

图5-23 使用一个PS3001的光控开关

（3）光电检测电路

图5-24是应用光电检测器的输出控制电路。R1、R2的分压点可以设门限电平。该电路的发光二极管和光敏晶体管之间的距离可在0～5mm的范围内，可检测直射光或反射光。将有光和无光（或遮光）的状态变成电信号输出，加到负载RL上。

图5-25是将光电盘的转动变成脉冲信号的实用电路，在很多产品中得到应用。

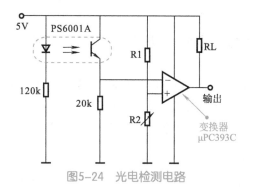

图5-24 光电检测电路

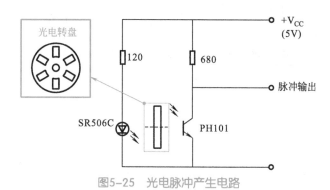

图5-25 光电脉冲产生电路

（4）光控开关电路

图5-26所示为典型光控开关电路的结构。该电路主要是由光敏电阻RG与时基集成电路IC1（SG555）、继电器线圈（KA）及继电器常开触点KA-1构成的。

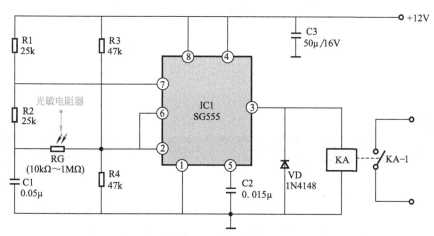

图5-26 典型光控开关电路的结构

该电路中，光敏电阻器RG的阻值可随光照强度的不同在10kΩ～1MΩ之间变化。

当无光照或光线较暗时，光敏电阻器RG呈高阻状态，其在电路中呈现的阻值远远大于R3和R4的阻值，IC1的③脚输出低电平，继电器不动作。

当有光照时，光敏电阻器RG阻值变小，IC1的③脚输出变为高电平，继电器线圈KA得电吸合，并带动常开触点KA-1闭合，被控制电路随之动作。

（5）光控照明电路

图5-27所示为采用光敏传感器（光敏电阻）的光控照明电路。该电路可大致划分为光照检测电路和控制电路两部分。

光照检测电路是由光敏电阻RG、电位器RP、电阻器R1、R2以及非门集成电路IC1组成的。控制电路是由时基集成电路IC2，二极管VD1、VD2，电阻器R3～R5，电容器C1、C2以及继电器线圈KA、继电器常开触点KA-1组成的。

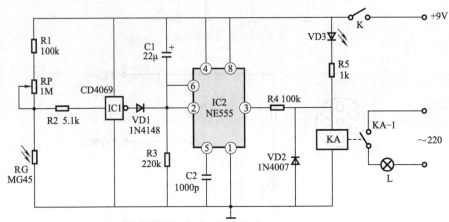

图5-27　采用光敏传感器（光敏电阻）的光控照明电路

当白天光照较强时，光敏电阻器RG的阻值较小，则IC1输入端为低电平，输出为高电平，此时VD1导通，IC2的②、⑥脚为高电平，③脚输出低电平，发光二极管VD3亮，但继电器线圈KA不吸合，灯泡L不亮。

当光线较弱时，RG的电阻值变大，此时IC1输入端电压变为高电平，输出低电平，使VD1截止；此时，电容器C1在外接直流电源的作用下开始充电，使IC2的②、⑥脚电位逐渐降低，③脚输出高电平，使继电器线圈KA吸合，带动常开触点闭合，灯泡L接通电源，点亮。

5.2
微处理器及相关电路

5.2.1　典型微处理器

微处理器简称CPU，它是将控制器、运算器、存储器、输入和输出通道、时钟信号产生电路等集成于一体的大规模集成电路。由于它具有分析和判断功能，如同人的大脑，因而又被称为微电脑。微处理器广泛应用于各种电器产品中，为产品增添了智能功能。它有很多的品种和型号。

图5-28是典型的CMOS微处理器的结构示意，从图中可见，它是一种双列直插式大规模集成电路，是采用绝缘栅场效应晶体管制造工艺而成的，因而被称为CMOS型微处理器，其中电路部分是由多部分组成的。

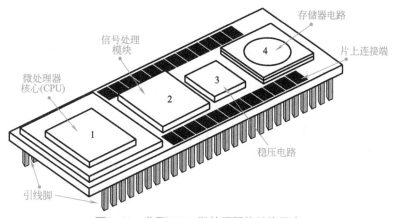

图5-28 典型CMOS微处理器的结构示意

5.2.2 微处理器的复位电路

图5-29是微处理器（CPU）外部复位电路的结构，在电源接入时，为CPU提供复位信号。

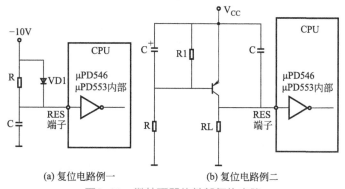

(a) 复位电路例一　　　　　　(b) 复位电路例二

图5-29 微处理器的外部复位电路

提示说明

复位时集成电路内部电路的状态如图5-30所示。

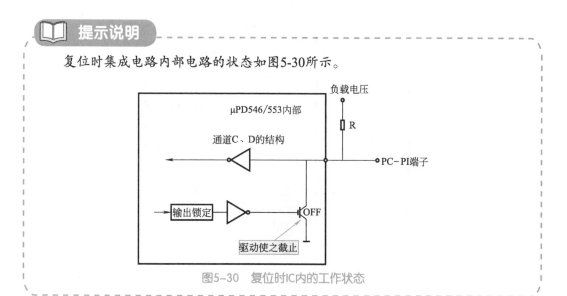

图5-30 复位时IC内的工作状态

5.2.3 微处理器的时钟信号产生电路

图5-31是CPU时钟信号产生电路的外部电路结构。外部谐振电路与内部电路一起构成时钟信号振荡器，为CPU提供时钟信号。

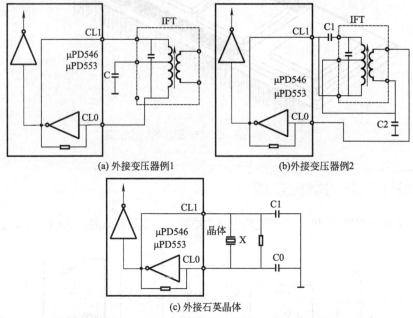

(a) 外接变压器例1　　　　　　　(b)外接变压器例2

(c) 外接石英晶体

图5–31　CPU时钟信号产生电路的外部电路结构

5.2.4 微处理器（CPU）对存储器（PROM）的接口电路

图5-32是CPU对存储器（PROM）的接口电路实例。微处理器（CPU）输出地址信号（P0～P10）给存储器，存储器将数据信号通过数据接口送给CPU。

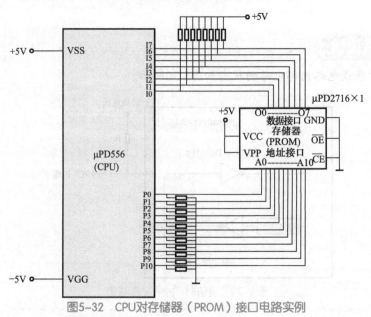

图5–32　CPU对存储器（PROM）接口电路实例

5.2.5 微处理器的复位电路

图5-33（a）所示是微处理器复位电路的结构。微处理器的电源供电端在开机时会有一个从0上升至5V的过程，如果在这个过程中启动，有可能出现程序错乱，为此微处理器都设有复位电路，在开机瞬间复位端保持0V，低电平。当电源供电接近5V时（大于4.6V），复位端的电压变成高电平（接近5V）。此时微处理器才开始工作。在关机时，当电压值下降到小于4.6V时复位电压下降为零，微处理器程序复位，保证微处理器正常工作。图5-33（b）所示为电源供电电压和复位电压的时间关系。

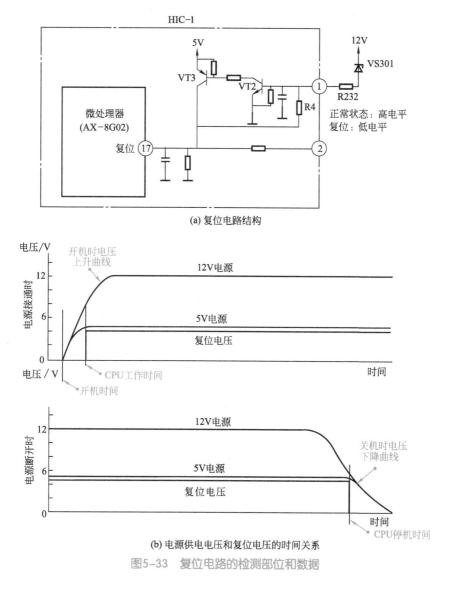

(a) 复位电路结构

(b) 电源供电电压和复位电压的时间关系

图5-33 复位电路的检测部位和数据

图5-34所示为海信KFR-25GW/06BP变频空调器室内机微处理器的复位电路。开机时微处理器的电源供电电压由0上升到+5V，这个过程中启动程序有可能出现错误，因此需要在电源供电电压稳定之后再启动程序，这个任务是由复位电路来实现的。图中，IC1

103

是复位信号产生电路，2脚为电源供电端，1脚为复位信号输出端，该电压经滤波（C20、C26）后加到CPU的复位端24脚。复位信号比开机时间有一定的延时，延时时间长短与24脚外的电容大小有关。

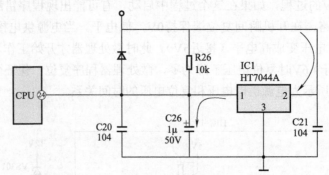

图5-34 海信KFR-25GW/06BP变频空调器室内机微处理器的复位电路

第6章

直流电动机的自动化电气控制

6.1

直流电动机的种类特点

6.1.1 永磁式直流电动机

（1）永磁式直流电动机的结构

永磁式直流电动机主要由定子、转子和电刷、换向器构成，如图6-1所示。其中，定子磁体与圆柱形外壳制成一体，转子绕组绕制在铁芯上与转轴制成一体，绕组的引线焊接在换向器上，通过电刷供电，电刷安装在定子机座上与外部电源相连。

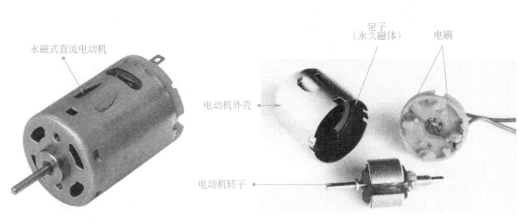

永磁式直流电动机

电动机外壳

定子
（永久磁体）

电刷

电动机转子

图6-1 典型永磁式直流电动机的结构

图6-2为永磁式直流电动机换向器和电刷的结构。换向器是将3个（或多个）环形金属片（铜或银材料）嵌在绝缘轴套上制成的，是转子绕组的供电端。电刷是由铜石墨或银石墨组成的导电块，通过压力弹簧的压力接触到换向器上。也就是说，电刷和换向器是靠弹性压力互相接触向转子绕组传送电流的。

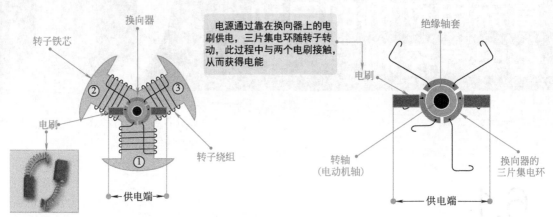

图6-2　永磁式直流电动机换向器和电刷的结构

（2）永磁式直流电动机的工作原理

根据电磁感应原理（左手定则），当导体在磁场中有电流流过时就会受到磁场的作用而产生转矩。

图6-3为永磁式直流电动机中各主要部件的控制关系示意图。

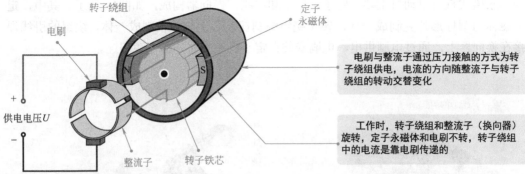

图6-3　永磁式直流电动机中各主要部件的控制关系示意图

永磁式直流电动机根据内部转子构造的不同，可以细分为两极转子永磁式直流电动机和三极转子永磁式直流电动机，如图6-4所示。

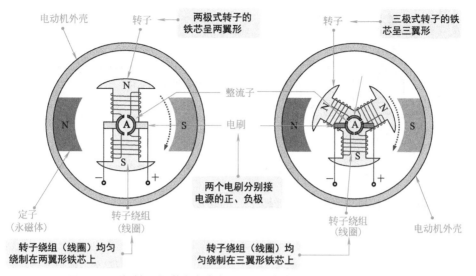

图6-4 两极转子永磁式直流电动机和三极转子永磁式直流电动机

图6-5为永磁式直流电动机（两极转子）的转动过程。

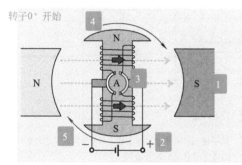

1 假设转子磁极的方向与定子垂直。

2 直流电源正极经电刷为绕组供电。

3 电流经整流子后同时为两个转子绕组供电，最后经整流子的另一侧回到电源负极。

4 根据左手定则，转子铁芯会受到磁场的作用产生转矩。

5 转子磁极S会受到定子磁极N的吸引，转子磁极N会受定子磁极S的吸引，开始顺时针转动。

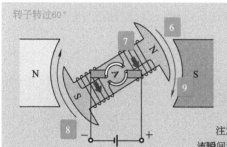

6 转子在定子磁场的作用下顺时针转过60°。

7 转子绕组的电流方向不变。

8 转子磁极的N和S分别靠近定子磁极的S和N，受到的引力增强。

9 吸引力增强，转矩也增加，转子会迅速向90°方向转动。

注意：当转子转到90°时，电刷位于整流子的空挡，转子绕组中的电流瞬间消失，转子磁场也消失。但转子由于惯性会继续顺时针转动

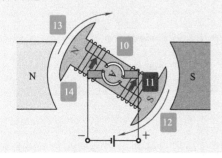

10 当转子转动超过90°时，电刷便与另一侧的整流子接触。

11 转子绕组中的电流方向反转。

12 原来转子磁极的极性也发生变化，靠近定子S极的转子磁极由N变成S，受到定子S的排斥。

13 靠近定子N极的转子磁极由S变成N，受到定子N的排斥。

14 同性磁极相斥，转子继续按顺时针方向转动。

图6-5

15 当转子转动的角度超过180°时，磁极状态与0°时原理相同，转子继续顺时针旋转。

图6-5　永磁式直流电动机（两极转子）的转动过程

图6-6为永磁式直流电动机（三极转子）的转动过程。

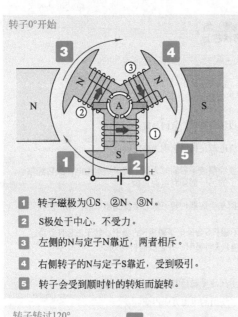

1 转子磁极为①S、②N、③N。

2 S极处于中心，不受力。

3 左侧的N与定子N靠近，两者相斥。

4 右侧转子的N与定子S靠近，受到吸引。

5 转子会受到顺时针的转矩而旋转。

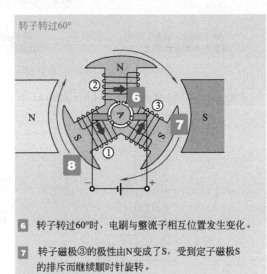

6 转子转过60°时，电刷与整流子相互位置发生变化。

7 转子磁极③的极性由N变成了S，受到定子磁极S的排斥而继续顺时针旋转。

8 转子①仍为S极，受到定子N极顺时针方向的吸引。

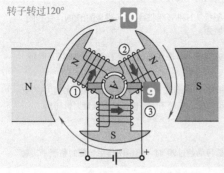

9 转子转过120°时，电刷与整流子的位置又发生变化。

10 磁极由S变成N，与初始位置状态相同，转子继续顺时针转动。

整流子的三片滑环会在与转子一同转动的过程中与两个电刷的刷片接触，从而获得电能

图6-6　永磁式直流电动机（三极转子）的转动过程

6.1.2　电磁式直流电动机

（1）电磁式直流电动机的结构

电磁式直流电动机是将用于产生定子磁场的永磁体用电磁铁取代，定子铁芯上绕有绕

组（线圈），转子部分是由转子铁芯、绕组（线圈）、整流子及转轴组成的。

图6-7为典型电磁式直流电动机的结构。

图6-7　典型电磁式直流电动机的结构

（2）电磁式直流电动机的工作原理

电磁式直流电动机根据内部结构和供电方式的不同，可以细分为他励式直流电动机、并励式直流电动机、串励式直流电动机及复励式直流电动机。

① 他励式直流电动机的工作原理　他励式直流电动机的转子绕组和定子绕组分别接到各自的电源上，这种电动机需要两套直流电源供电。图6-8为他励式直流电动机的工作原理。

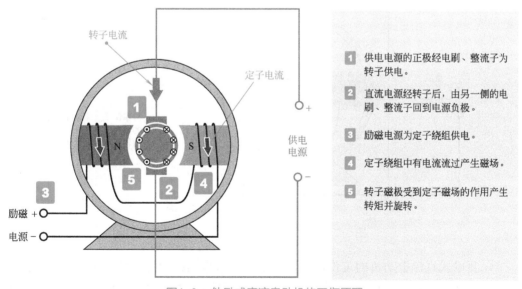

1　供电电源的正极经电刷、整流子为转子供电。

2　直流电源经转子后，由另一侧的电刷、整流子回到电源负极。

3　励磁电源为定子绕组供电。

4　定子绕组中有电流流过产生磁场。

5　转子磁极受到定子磁场的作用产生转矩并旋转。

图6-8　他励式直流电动机的工作原理

② 并励式直流电动机的工作原理　并励式直流电动机的转子绕组和定子绕组并联，由一组直流电源供电。电动机的总电流等于转子与定子电流之和。图6-9为并励式直流电

动机的工作原理。

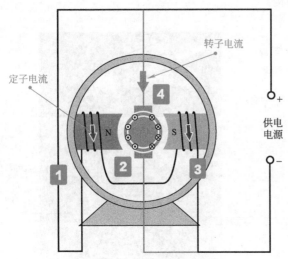

定子电流

转子电流

供电电源

1 供电电源的一路直接为定子绕组供电。

2 供电电源的另一路经电刷、整流子后为转子供电。

3 定子绕组中有电流流过产生磁场。

4 转子磁极受到定子磁场的作用产生转矩并旋转。

一般并励式直流电动机定子绕组的匝数很多,导线很细,具有较大的阻值

图6-9　并励式直流电动机的工作原理

③ 串励式直流电动机的工作原理　串励式直流电动机的转子绕组和定子绕组串联,由一组直流电源供电。定子绕组中的电流就是转子绕组中的电流。图6-10为串励式直流电动机的工作原理。

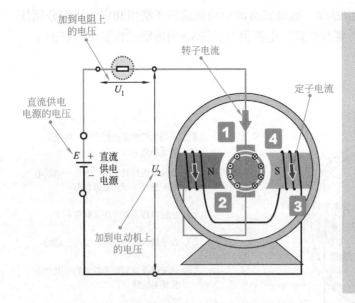

加到电阻上的电压　U_1

转子电流

定子电流

直流供电电源的电压

E　直流供电电源

U_2

加到电动机上的电压

1 供电电源的正极经电刷、整流子为转子供电。

2 直流电源经转子后,由另一侧的电刷送入定子绕组中。

3 定子绕组中有电流流过产生磁场。

4 转子磁极受到定子磁场的作用产生转矩并旋转。

一般串励式直流电动机定子绕组由较粗的导线绕制而成,且匝数较少,具有较好的启动性能和负载能力

图6-10　串励式直流电动机的工作原理

④ 复励式直流电动机的工作原理　复励式直流电动机的定子绕组设有两组:一组与电动机的转子串联;另一组与转子绕组并联。复励式直流电动机根据连接方式可分为和动式复合绕组电动机和差动式复合绕组电动机。图6-11为复励式直流电动机的工作原理。

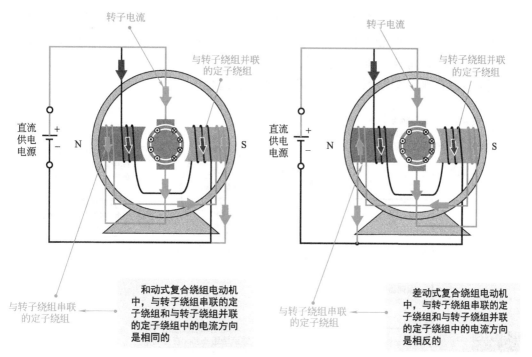

图6-11　复励式直流电动机的工作原理

6.1.3　有刷直流电动机

（1）有刷直流电动机的结构

如图6-12所示，有刷直流电动机的定子是由永磁体组成的。转子是由绕组和整流子（换向器）构成的。电刷安装在定子机座上。电源通过电刷及换向器实现电动机绕组（线圈）中电流方向的变化。

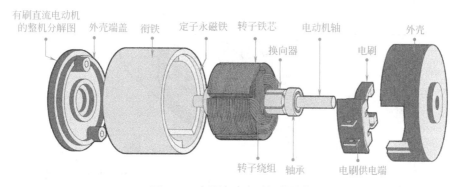

图6-12　有刷直流电动机的结构

（2）有刷直流电动机的工作原理

有刷直流电动机工作时，绕组和换向器旋转，主磁极（定子）和电刷不旋转，直流电源经电刷加到转子绕组上，绕组电流方向的交替变化是随电动机转动的换向器及与其相关的电刷位置变化而变化的。

① 有刷直流电动机接通电源瞬间的工作过程　有刷直流电动机接通电源瞬间，直流电源的正、负两极通过电刷A和B与直流电动机的转子绕组接通，直流电流经电刷A、换向器1、绕组ab和cd、换向器2、电刷B返回电源的负极。

图6-13为有刷直流电动机接通电源瞬间的工作过程。

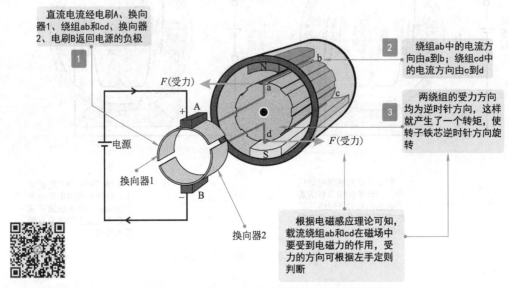

图6-13　有刷直流电动机接通电源瞬间的工作过程

② 有刷直流电动机转子转到90°时的工作过程　如图6-14所示，当有刷直流电动机转子转到90°时，两个绕组边处于磁场物理中性面，且电刷不与换向器接触，绕组中没有电流流过，F=0，转矩消失。

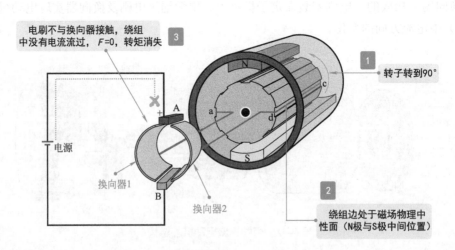

图6-14　有刷直流电动机转子转到90°时的工作过程

③ 有刷直流电动机转子再经90°旋转的工作过程　如图6-15所示，由于机械惯性作用，有刷直流电动机的转子将冲过90°继续旋转至180°，这时绕组中又有电流流过，此时直流电流经电刷A、换向器2、绕组dc和ba、换向器1、电刷B返回电源的负极。

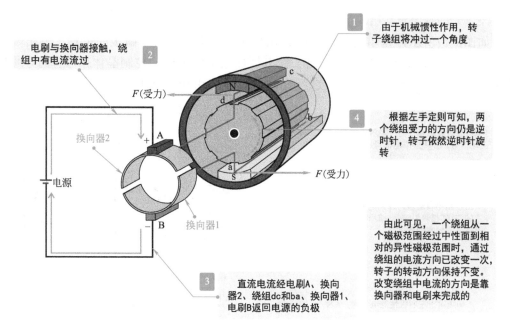

2 电刷与换向器接触，绕组中有电流流过

1 由于机械惯性作用，转子绕组将冲过一个角度

F(受力)

换向器2

+ A

电源

B

换向器1

4 根据左手定则可知，两个绕组受力的方向仍是逆时针，转子依然逆时针旋转

F(受力)

由此可见，一个绕组从一个磁极范围经过中性面到相对的异性磁极范围时，通过绕组的电流方向已改变一次，转子的转动方向保持不变。改变绕组中电流的方向是靠换向器和电刷来完成的

3 直流电流经电刷A、换向器2、绕组dc和ba、换向器1、电刷B返回电源的负极

图6-15 有刷直流电动机转子再经90°旋转的工作过程

6.1.4 无刷直流电动机

（1）无刷直流电动机的结构

无刷直流电动机去掉了电刷和整流子，转子是由永久磁钢制成的，绕组绕制在定子上。图6-16为典型无刷直流电动机的结构。定子上的霍尔元件用于检测转子磁极的位置，以便借助该位置信号控制定子绕组中的电流方向和相位，并驱动转子旋转。

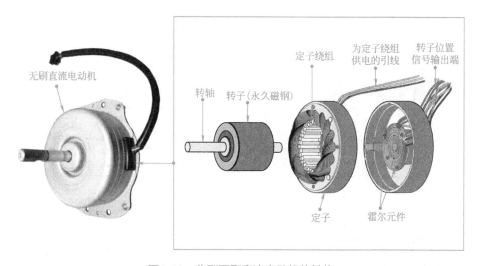

无刷直流电动机

转轴 转子(永久磁钢)

定子绕组

为定子绕组供电的引线

转子位置信号输出端

定子

霍尔元件

图6-16 典型无刷直流电动机的结构

（2）无刷直流电动机的工作原理

如图6-17所示，霍尔元件安装在无刷直流电动机靠近转子磁极的位置，输出端分别加到两个晶体三极管的基极，用于输出极性相反的电压，控制晶体三极管的导通与截止，从而控制绕组中的电流，使绕组产生磁场，吸引转子连续运转。

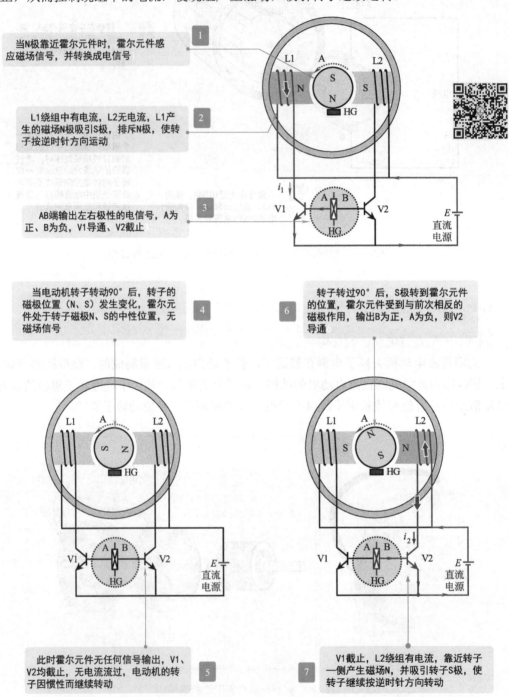

1 当N极靠近霍尔元件时，霍尔元件感应磁场信号，并转换成电信号

2 L1绕组中有电流，L2无电流，L1产生的磁场N极吸引S极，排斥N极，使转子按逆时针方向运动

3 AB端输出左右极性的电信号，A为正、B为负，V1导通、V2截止

4 当电动机转子转动90°后，转子的磁极位置（N、S）发生变化，霍尔元件处于转子磁极N、S的中性位置，无磁场信号

6 转子转过90°后，S极转到霍尔元件的位置，霍尔元件受到与前次相反的磁极作用，输出B为正，A为负，则V2导通

5 此时霍尔元件无任何信号输出，V1、V2均截止，无电电流流过，电动机的转子因惯性而继续转动

7 V1截止，L2绕组有电流，靠近转子一侧产生磁场N，并吸引转子S极，使转子继续按逆时针方向转动

图6-17 霍尔元件对无刷直流电动机的控制过程

6.2

直流电动机的控制电路

6.2.1 直流电动机控制电路的特点

直流电动机控制电路是采用直流供电，控制线路通过各种电气部件的组合连接可实现多种不同的控制功能，例如直流电动机的启动、运转、变速、制动和停机等的多种控制。无论是实现怎样的功能，均是通过相关控制部件、功能部件以及直流电动机以不同的连接方式构成的。图6-18所示为典型直流电动机控制电路。

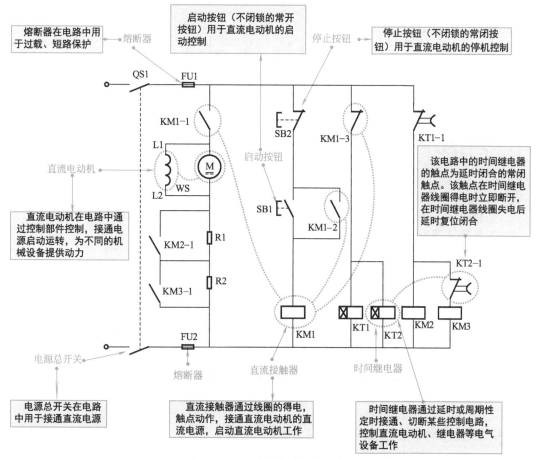

图6-18 典型直流电动机控制电路

直流电动机主要是由电源总开关QS、熔断器FU、直流电动机（M）、启动按钮（SB）、停止按钮/不闭锁的常闭按钮（SB）、直流接触器（KM）、时间继电器（KT）等构成。图6-19所示为典型直流电动机控制电路的实物连接关系示意图。

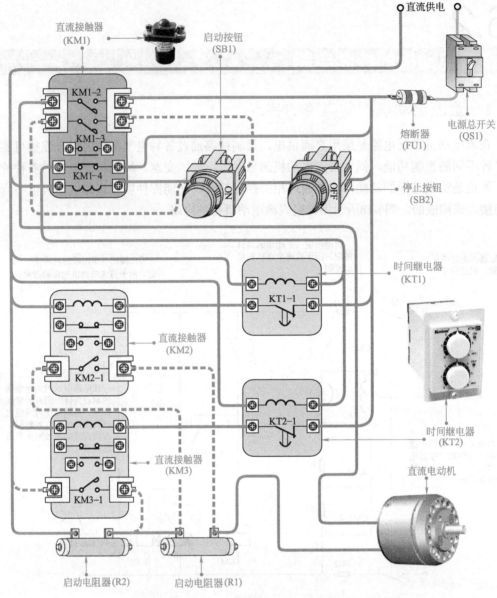

图6-19　典型直流电动机控制电路的实物连接关系示意图

6.2.2　直流电动机控制电路的控制过程

　　直流电动机控制电路是依靠启动按钮、停止按钮、直流接触器、时间继电器等控制部件来对直流电动机进行控制的。

　　图6-20所示为典型直流电动机控制电路。直流电动机控制电路主要由供电电路、保护电路、控制电路及直流电动机等部分构成。

　　控制电路主要由启动按钮SB1，停止按钮SB2和直流接触器KM1、KM2、KM3，时间继电器KT1、KT2，启动电阻器R1、R2等构成，通过启停按钮开关控制直流接触器触点的闭合与断开，通过触点的闭合与断开来改变串接在电枢回路中启动电阻器的数量，用于控制直流电动机的转速，从而实现对直流电动机工作状态的控制。

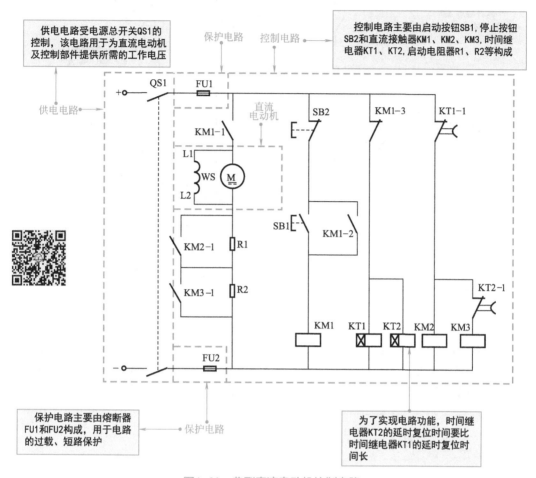

供电电路受电源总开关QS1的控制，该电路用于为直流电动机及控制部件提供所需的工作电压

控制电路主要由启动按钮SB1、停止按钮SB2和直流接触器KM1、KM2、KM3，时间继电器KT1、KT2，启动电阻器R1、R2等构成

保护电路主要由熔断器FU1和FU2构成，用于电路的过载、短路保护

为了实现电路功能，时间继电器KT2的延时复位时间要比时间继电器KT1的延时复位时间长

图6-20 典型直流电动机控制电路

（1）直流电动机的启动控制过程

根据直流电动机控制电路的启动控制过程，将直流电动机的启动控制过程划分成三个阶段：第一阶段是直流电动机的低速启动过程；第二阶段是直流电动机的速度提升过程；第三阶段是直流电动机的启动完成过程。

① 直流电动机的低速启动过程　如图6-21所示，合上电源总开关QS1，接通直流电源，时间继电器KT1、KT2线圈得电，由于时间继电器KT1、KT2的触点KT1-1、KT2-1均为延时闭合的常闭触点，因此在时间继电器线圈得电后，其触点KT1-1、KT2-1瞬间断开，防止直流接触器KM2、KM3线圈得电。按下启动按钮SB1，直流接触器KM1线圈得电。

直流接触器KM1线圈得电，常开触点KM1-2闭合自锁。常开触点KM1-1闭合，直流电动机接通直流电源，串联启动电阻器R1、R2低速启动运转。常闭触点KM1-3断开，时间继电器KT1/KT2失电，进入延时复位计时状态（时间继电器KT2的延时复位时间要长于时间继电器KT1的延时复位时间）。

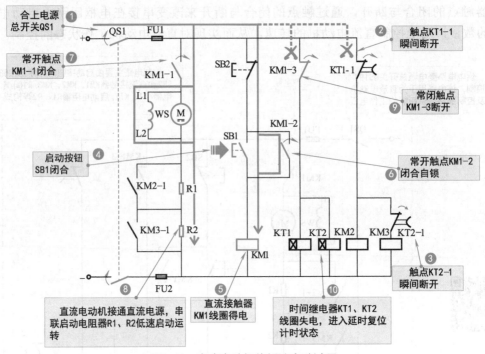

合上电源总开关QS1 ❶

常开触点KM1-1闭合 ❼

启动按钮SB1闭合 ❹

触点KT1-1瞬间断开 ❷

常闭触点KM1-3断开 ❾

常开触点KM1-2闭合自锁 ❻

触点KT2-1瞬间断开 ❸

直流电动机接通直流电源,串联启动电阻器R1、R2低速启动运转 ❽

直流接触器KM1线圈得电 ❺

时间继电器KT1、KT2线圈失电,进入延时复位计时状态 ❿

图6-21　直流电动机的低速启动过程

② 直流电动机的速度提升过程　如图6-22所示,当达到时间继电器KT1预先设定的复位时间时,常闭触点KT1-1复位闭合,直流接触器KM2线圈得电,常开触点KM2-1闭合,短接启动电阻器R1。直流电动机串联启动电阻器R2运转,转速提升。

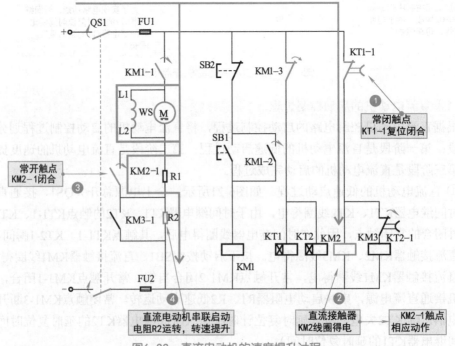

常开触点KM2-1闭合 ❸

常闭触点KT1-1复位闭合 ❶

直流电动机串联启动电阻R2运转,转速提升 ❹

直流接触器KM2线圈得电 ❷

KM2-1触点相应动作

图6-22　直流电动机的速度提升过程

③ 直流电动机的启动完成过程 如图6-23所示，当时间继电器KT2达到预先设定的复位时间时，常闭触点KT2-1复位闭合，直流接触器KM3线圈得电，常开触点KM3-1闭合，短接启动电阻器R2。直流电动机工作在额定电压下，进入正常运转状态。

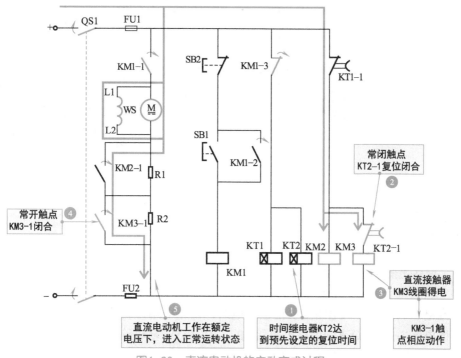

图6-23 直流电动机的启动完成过程

（2）直流电动机的停机控制过程

当需要直流电动机停机时，按下停止按钮SB2，直流接触器KM1线圈失电。常开触点KM1-1复位断开，切断直流电动机的供电电源，直流电动机停止运转。常开触点KM1-2复位断开，解除自锁功能。常闭触点KM1-3复位闭合，为直流电动机下一次启动做好准备。

6.3

直流电动机的控制方式

6.3.1 直流电动机的调速控制

直流电动机调速控制电路是一种可在负载不变的条件下，控制直流电动机稳速旋转和旋转速度的电路。图6-24所示为典型直流电动机调速控制电路。

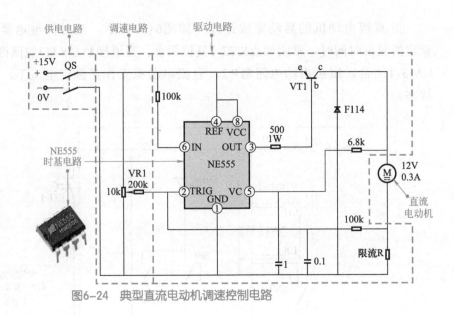

图6-24 典型直流电动机调速控制电路

📖 **提示说明**

NE555是一种计数器电路，主要用来产生脉冲信号，具有计数精确度高、稳定性好、价格便宜等优点，其应用比较广泛。

直流电动机调速控制电路主要由供电电路、调速电路、驱动电路以及直流电动机等组成。该电路中的10kΩ速度调整电阻器VR1、NE555时基电路、驱动晶体管VT1以及直流电动机为直流电动机调速控制的核心元件。

（1）直流电动机的启动过程

如图6-25所示，合上电源总开关QS，接通+15V直流电源。+15V直流为NE555的⑧

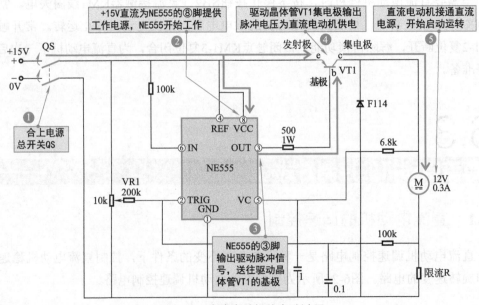

图6-25 直流电动机的启动过程

脚提供工作电源，NE555开始工作。由NE555的③脚输出驱动脉冲信号，送往驱动晶体管VT1的基极。驱动晶体管VT1工作后，其集电极输出脉冲电压。+15V直流电压经VT1变成脉冲电流为直流电动机供电，直流电动机开始启动运转。

（2）直流电动机的稳速控制过程

直流电动机的电流会在限流电阻R上产生压降。该压降经100kΩ电阻器反馈到NE555的②脚。控制NE555的③脚输出脉宽的宽度，实现对直流电动机稳速的控制。

（3）直流电动机的升降速控制过程

根据直流电动机转速控制电路的转速控制，将直流电动机的转速控制过程划分成两个阶段。第一阶段是直流电动机的降速控制过程；第二阶段是直流电动机的升速控制过程。

① 直流电动机的降速控制过程　如图6-26所示，将速度调整电阻器VR1的阻值调至最大（10kΩ）。+15V直流电压经过VR1和200kΩ电阻器串联送入NE555的②脚。NE555内部控制③脚输出的脉冲信号宽度最小，直流电动机转速达到最低。

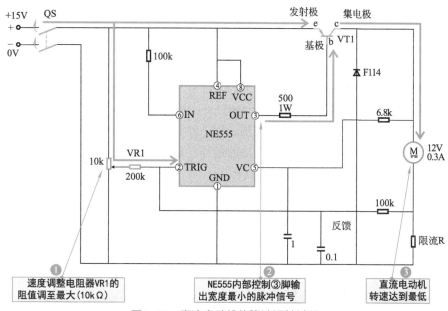

图6-26　直流电动机的降速运转过程

② 直流电动机的升速控制过程　将速度调整电阻器VR1的阻值调至最小（0Ω）。+15V直流电压只经过200kΩ电阻器送入NE555的②脚。NE555内部控制③脚输出的脉冲信号宽度最大，直流电动机转速达到最高。需停机时，将电源总开关QS关闭即可。

6.3.2　直流电动机的降压启动控制

降压启动的直流电动机控制电路是指直流电动机在启动时，将启动电阻RP串入直流电动机中，以限制启动电流，当直流电动机在低速旋转一段时间后，再把启动变阻器从电路中消除（使之短路），使直流电动机正常运转。图6-27所示为典型降压启动的直流电动机控制电路。使用变阻器启动的直流电动机控制电路主要是由供电电路、保护电路、控制电路和直流电动机等构成。

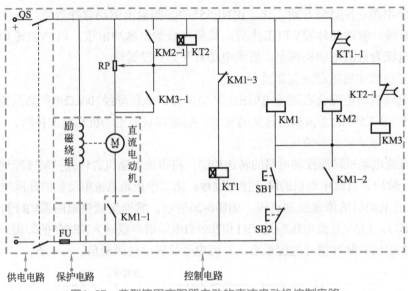

图6-27　典型使用变阻器启动的直流电动机控制电路

该电路中的电源总开关QS，可变电阻器RP，启动按钮SB1，停止按钮SB2，时间继电器KT1和KT2，直流接触器KM1、KM2、KM3等为该电路的核心部件。

（1）直流电动机的启动过程

根据直流电动机控制电路的启动控制过程，将直流电动机的启动控制过程划分成三个阶段：第一阶段是直流电动机低速启动的过程；第二阶段是直流电动机中速运转的过程；第三阶段是直流电动机高速运转的过程。

① 直流电动机低速启动的过程　如图6-28所示，合上电源总开关QS，接通电源。时

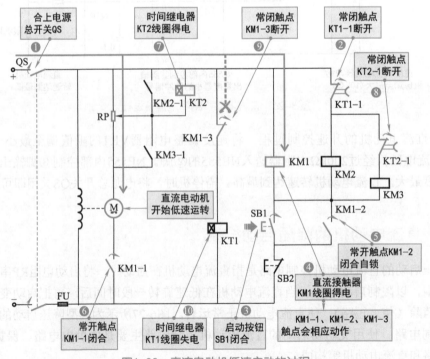

图6-28　直流电动机低速启动的过程

间继电器KT1的线圈得电，常闭触点KT1-1断开，防止直流接触器KM2线圈得电。

按下启动按钮SB1。直流接触器KM1线圈得电，常开触点KM1-2闭合，实现自锁功能。常开触点KM1-1闭合，直流电动机与启动电阻器RP串联，直流电动机开始低速运转。同时时间继电器KT2线圈得电，常闭触点KT2-1断开，防止直流接触器KM3线圈得电。常闭触点KM1-3断开，时间继电器KT1线圈失电，进入等待计时状态（预先设定的等待时间）。

② 直流电动机中速运转的过程 如图6-29所示，时间继电器KT1进入计时状态后，当到达预先设定的时间时，常闭触点KT1-1复位闭合。直流接触器KM2线圈得电，常开触点KM2-1闭合。电压经KM2-1和可变电阻器RP的一部分送入直流电动机中，RP阻值变小，直流电动机转速继续上升。常开触点KM2-1将时间继电器KT2回路短接，时间继电器KT2线圈失电，进入等待计时状态。

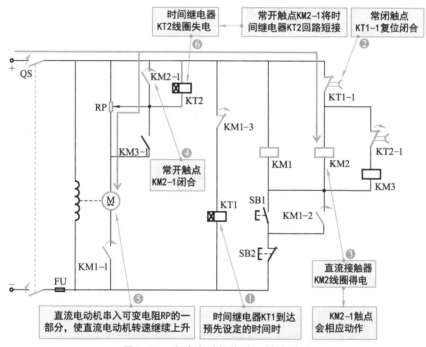

图6-29 直流电动机中速运转的过程

③ 直流电动机高速运转的过程 如图6-30所示，时间继电器KT2进入计时状态后，当到达预先设定的时间时，常闭触点KT2-1复位闭合。直流接触器KM3线圈得电，常开触点KM3-1闭合。电压经KM2-1和KM3-1将限流电阻RP短接，直接为直流电动机供电，使直流电动机工作在额定电压下，进入正常运转状态。

（2）直流电动机的停机过程

当需要直流电动机停机时，按下停止按钮SB2。直流接触器KM1、KM2和KM3线圈失电，其触点全部复位。常开触点KM1-1、KM2-1和KM3-1复位断开，切断直流电动机的供电电源，停止运转。常开触点KM1-2复位断开，解除自锁。常闭触点KM1-3复位闭合，使时间继电器KT1线圈得电，为下一次的启动做好准备。

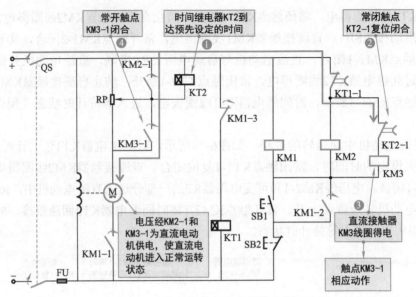

图6-30　直流电动机高速运转的过程

6.3.3　直流电动机的正反转连续控制

　　直流电动机正反转连续控制电路是指通过启动按钮控制直流电动机进行长时间正向运转和反向运转的控制电路。

　　具体来说，当按下电路中的正转启动按钮时，接通正转直流接触器线圈的供电电源，其常开触点闭合自锁，即使松开正转启动按钮，仍能保证正转直流接触器线圈的供电，直流电动机保持正向运转。

　　同理，当按下电路中的反转启动按钮时，接通反转直流接触器线圈的供电电源，其常开触点闭合自锁，即使松开反转启动按钮，仍能保证反转直流接触器线圈的供电，直流电动机保持反向运转。图6-31所示为直流电动机正反转连续控制电路。

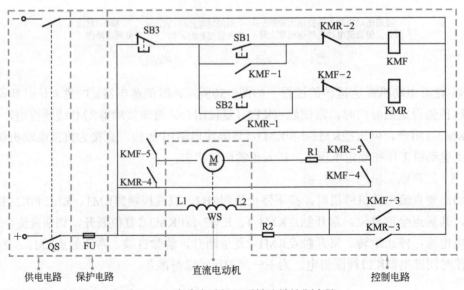

图6-31　直流电动机正反转连续控制电路

直流电动机正反转连续控制电路主要由供电电路、保护电路、控制电路和直流电动机等构成。该电路中的电源总开关QS、熔断器FU、正转启动按钮SB1、反转启动按钮SB2、停止按钮SB3、正转直流接触器KMF、反转直流接触器KMR、启动电阻器R1、直流电动机等为直流电动机正反转连续控制的核心部件。

（1）直流电动机正转启动过程

如图6-32所示，合上电源总开关QS，接通直流电源。按下正转启动按钮SB1。正转直流接触器KMF线圈得电，其触点全部动作。正转直流接触器KMF线圈得电，常开触点KMF-1闭合实现自锁功能。常闭触点KMF-2断开，防止反转直流接触器KMR线圈得电。常开触点KMF-3闭合，直流电动机励磁绕组WS得电。常开触点KMF-4、KMF-5闭合，直流电动机串联启动电阻器R1正向启动运转。

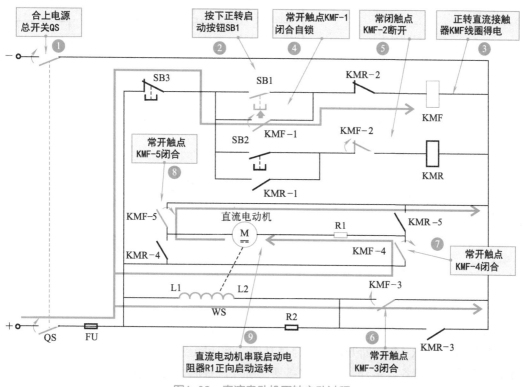

图6-32 直流电动机正转启动过程

（2）直流电动机正转停机过程

当需要直流电动机正转停机时，按下停止按钮SB3。正转直流接触器KMF线圈失电。常开触点KMF-1复位断开，解除自锁功能。常闭触点KMF-2复位闭合，为直流电动机反转启动做好准备。常开触点KMF-3复位断开，直流电动机励磁绕组WS失电。常开触点KMF-4、KMF-5复位断开，切断直流电动机供电电源，直流电动机停止正向运转。

（3）直流电动机反转启动过程

如图6-33所示，当需要直流电动机进行反转启动时，需先停止直流电动机的正向运转后，才可启动直流电动机进行反向运转。按下反转启动按钮SB2。

反转直流接触器KMR线圈得电,其触点全部动作。反转直流接触器KMR线圈得电,常开触点KMR-1闭合实现自锁功能。常闭触点KMR-2断开,防止正转直流接触器KMF线圈得电。常开触点KMR-3闭合,直流电动机励磁绕组WS得电。常开触点KMR-4、KMR-5闭合,直流电动机串联启动电阻器R1反向启动运转。

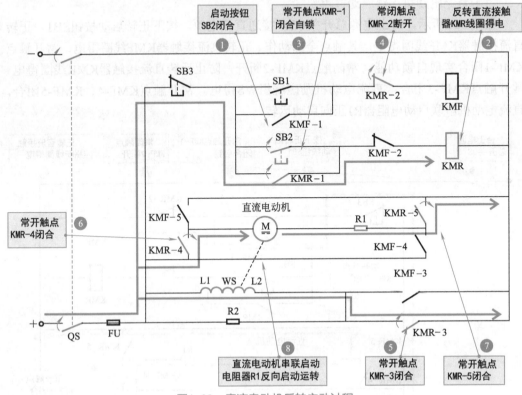

图6-33　直流电动机反转启动过程

（4）直流电动机停机过程

当需要直流电动机反转停机时,按下停止按钮SB3。反转直流接触器KMR线圈失电。常开触点KMR-1复位断开,解除自锁功能。常闭触点KMR-2复位闭合,为直流电动机正转启动做好准备。常开触点KMR-3复位断开,直流电动机励磁绕组WS失电。常开触点KMR-4、KMR-5复位断开,切断直流电动机供电电源,直流电动机停止反向运转。

第 **7** 章

单相交流电动机的
自动化电气控制

7.1

单相交流电动机

7.1.1 单相交流电动机的结构

在一般情况下，单相交流电动机是指采用单相电源（一根相线、一根零线构成的交流220 V电源）供电的交流异步电动机。

如图7-1所示，单相交流电动机的结构与直流电动机基本相同，都是由静止的定子、旋转的转子、转轴、轴承、端盖等部分构成的。

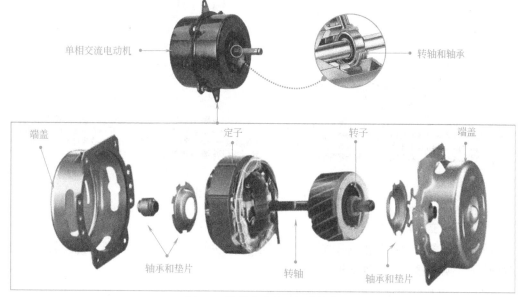

图7-1 单相交流电动机的结构

（1）单相交流电动机的定子

如图7-2所示，单相交流电动机的定子主要是由定子铁芯、定子绕组和引出线等部分构成的。

定子铁芯除支撑绕组外，主要功能是增强绕组所产生的电磁场

定子铁芯

定子绕组

定子绕组引出线

图7-2　单相交流电动机定子的结构

提示说明

如图7-3所示，从结构形式来看，单相交流异步电动机的定子主要有隐极式和显极式（凸极式）两种。

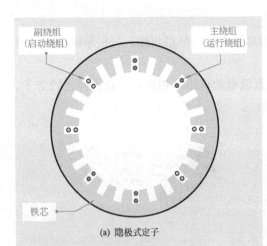

副绕组（启动绕组）

主绕组（运行绕组）

铁芯

(a) 隐极式定子

隐极式定子由定子铁芯和定子绕组构成。其中，定子铁芯是用硅钢片叠成的，在铁芯槽内放置两套绕组，一套是主绕组，也称为运行绕组或工作绕组；另一套为副绕组，也称为辅助绕组或启动绕组。两个绕组在空间上相隔90°

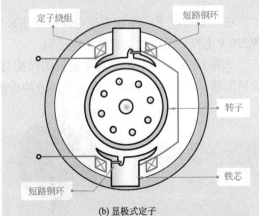

定子绕组

短路铜环

转子

铁芯

短路铜环

(b) 显极式定子

显极式（也称凸极式）定子的铁芯由硅钢片叠压制成凸极形状固定在机座内，在铁芯的1/4～1/3处开一个小槽，在槽和短边一侧套装一个短路铜环，如同这部分磁极被罩起来，故称为罩极。定子绕组绕成集中绕组的形式套在铁芯上

图7-3　隐极式和显极式定子绕组

（2）单相交流电动机的转子

单相交流异步电动机的转子指电动机工作时发生转动的部分，主要有笼型转子和绕线型转子（换向器型）两种结构。

图7-4为单相交流电动机笼型转子的结构。

转轴

转子铁芯
（层叠结构）

笼形导体

图7-4　笼型转子的结构

📖 **提示说明**

单相交流电动机大都是将交流电源加到定子绕组上，由于所加的交流电源是交变的，所以会产生变化的磁场。转子内设有多个导体，导体受到磁场的作用就会产生电流，并受到磁场的作用力而旋转，在这种情况下，转子常制成笼形。

图7-5为单相交流电动机绕线型（换向器型）转子的结构。

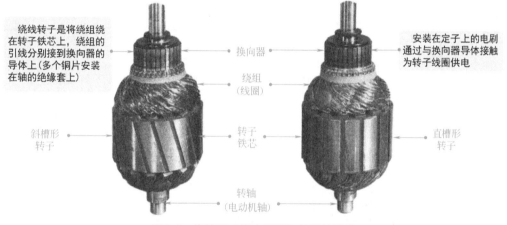

绕线转子是将绕组绕在转子铁芯上，绕组的引线分别接到换向器的导体上（多个铜片安装在轴的绝缘套上）

换向器

绕组
（线圈）

安装在定子上的电刷通过与换向器导体接触为转子线圈供电

斜槽形转子

转子铁芯

直槽形转子

转轴
（电动机轴）

图7-5　绕线型（换向器型）转子的结构

7.1.2　单相交流电动机的工作原理

如图7-6所示，将多个闭环的线圈（转子绕组）交错置于磁场中，并安装到转子铁芯中，当定子磁场旋转时，转子绕组受到磁场力也会随之旋转，这就是单相交流电动机的转动原理。

如图7-7所示，要使单相交流异步电动机能自动启动，通常在电动机的定子上增加一个启动绕组，启动绕组与运行绕组在空间上相差90°。外加电源经电容或电阻接到启动绕组上，启动绕组的电流与运行绕组相差90°。这样在空间上相差90°的绕组在外电源的作用下形成相差90°的电流，于是空间上就形成两相旋转磁场。

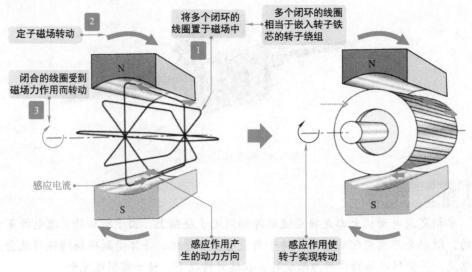

图7-6　单相交流电动机的转动原理

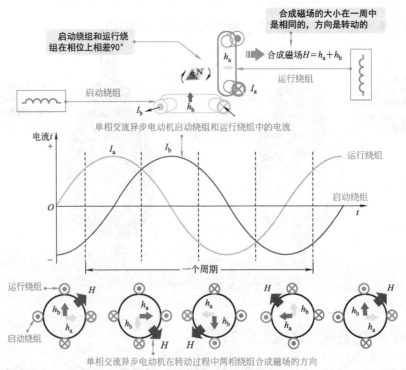

图7-7　单相交流电动机的启动原理

7.2
单相交流电动机的控制电路

7.2.1　单相交流电动机控制电路的驱动方式

单相交流电动机的驱动方式主要有交流感应电动机的基本驱动方式、单相交流感应电动机的正反转驱动方式、可逆交流单相电动机的驱动方式、单相交流电动机的启/停控制方式、离心开关式单相交流电动机的驱动方式、单相交流电动机电容启动式驱动方式、双速电动机的驱动方式、交流电动机调速控制方式等。

（1）交流感应电动机的基本驱动方式

图7-8是交流感应电动机的基本驱动方式，图7-8（a）为三相交流感应电动机的驱动方式，三相电源直接连接到电动机的三相绕组上。

图7-8（b）是单相交流感应电动机的连接方式，电动机的主线圈（绕组）直接与电源相连，辅助绕组通过启动电容与电源的一端相连，另一端直接与电源相连。

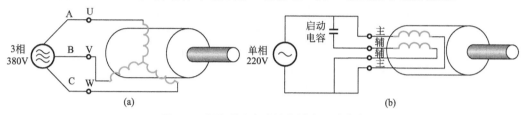

图7-8 交流感应电动机的基本驱动方式

（2）单相交流感应电动机的正反转驱动方式

图7-9是单相交流感应电动机的正反转驱动电路，电路中辅助绕组通过启动电容与电源供电相连，主绕组通过正反向开关与电源供电线相连，开关可调换接头，来实现正反转控制。

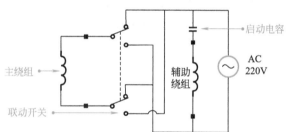

图7-9 单相交流感应电动机的正反向驱动电路

（3）可逆交流单相电动机的驱动方式

图7-10是可逆交流单相电动机的驱动电路，这种电动机内设有两个绕组，单相交流电源加到两绕组的公共端，绕组另一端接一个启动电容。正反向旋转切换开关接到电源与绕组之间，通过切换两个绕组实现转向控制，这种情况电动机的两个绕组参数相同，用互换主绕组的方式进行转向切换。

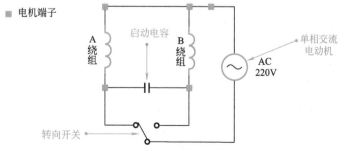

图7-10 可逆交流单相电动机的驱动电路

131

（4）单相交流电动机的启/停控制方式

图7-11是单相交流电动机的启/停控制电路，该电路中采用一个双联开关，当停机时，将主绕组通过电阻与直流电源E相连，使绕组中产生制动力矩而停机。

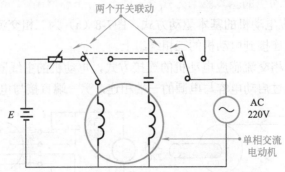

图7-11　单相交流电动机的启/停控制电路

（5）离心开关式单相交流电动机的驱动方式

单相异步电动机按照启动方式的不同，可分为电阻启动式单相异步电动机和电容启动式单相异步电动机两大类。为了能快速启动电阻启动式单相异步电动机，设有两组线圈，即主线圈和启动线圈，在启动线圈供电电路中设有离心开关。启动时，开关闭合AC 220V电压分别加到两线圈中，由于两线圈的相位成90°，线圈的磁场对转子形成启动转矩使电动机启动，当启动后达到一定转速时，离心开关受离心力作用而断开，启动线圈停止工作，只有主线圈驱动转子旋转，如图7-12所示。

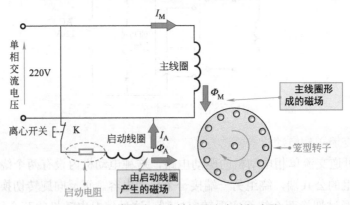

图7-12　电阻启动式单相异步电动机电路

（6）单相交流电动机电容启动式驱动方式

为了使电容启动式单相异步电动机形成旋转磁场，将启动线圈与电容串联，通过电容移相的作用，在加电时，形成启动磁场，如图7-13所示。通常在机电设备中所用的电动机多采用电容启动方式。

（7）双速电动机的驱动方式

滚筒洗衣机中的洗涤电动机经常采用双速电动机，全称为电容运转式双速电动机，该电动机的内部装有2套绕组，同在一个定子铁芯上，两套绕组分别为12极低速绕组和2极高速绕组。在洗涤过程中，低速绕组工作；在脱水过程中，高速绕组工作。

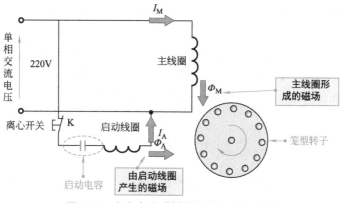

图7-13 电容启动式单相异步电动机电路

图7-14所示为电容运转式双速电动机的电路，其中12极绕组为低速绕组，由主绕组、副绕组、公共绕组组成。2极绕组为高速绕组，由主绕组和副绕组组成。

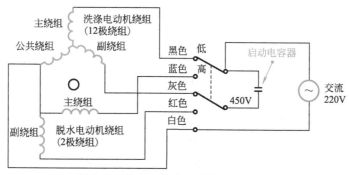

图7-14 电容运转式双速电动机的电路

（8）交流电动机调速控制方式

图7-15所示为单相交流电动机调速控制电路，该电路主要是由双向二极管VD、双向晶闸管VT等组成的。

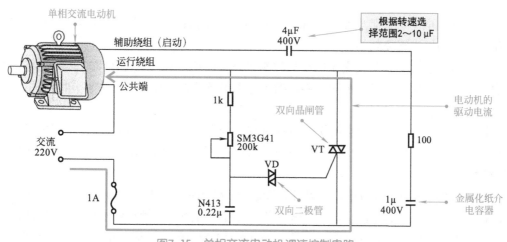

图7-15 单相交流电动机调速控制电路

单相交流220V电压为供电电源，一端加到单相交流电动机绕组的公共端。运行端

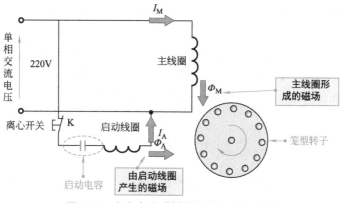

经双向晶闸管VT接到交流220V的另一端，同时经4μF的启动电容器接到辅助绕组的端子上。

电动机的主通道中只有双向晶闸管VT导通，电源才能加到两绕组上，电动机才能旋转。双向晶闸管VT受VD的控制，在半个交流周期内VD输出脉冲，VT受到触发便可导通，改变VD的触发角（相位）就可对速度进行控制。

7.2.2　单相交流电动机控制电路的特点

单相交流电动机控制电路是采用单相交流供电，控制线路通过各种电气部件的组合连接可实现多种不同的控制功能，例如单相交流电动机的启动、变速、制动、正转、反转、双速、点动等多种控制。

图7-16为典型单相交流电动机控制电路的实物连接关系。

该电路主要是由电源总开关QS、熔断器FU、过热保护继电器FR、交流接触器KM、启动按钮（不闭锁的常开按钮）SB1、停止按钮（不闭锁的常闭按钮）SB2、指示灯HL、启动电容器C、单相交流电动机M等构成。

图7-17所示为典型单相交流电动机控制电路的组成部件。

总电源开关处设有的熔断器FU1和FU2用于供电保护，若总电流出现过流的情况，熔断器FU1和FU2自行熔断，进行电路的过流保护。

交流接触器处设有的熔断器用于电动机过载保护，若单相交流电动机出现过载，熔断器FU3和FU4会自行熔断，进行单相交流电动机的过载保护。

单相交流电动机处还设有过热保护继电器，用于单相交流电动机的过热保护，当单相交流电动机出现过热的情况，过热保护继电器FR的触点会断开电路，切断单相交流电动机的供电电源，当单相交流电动机冷却好，还可以再次启动工作。

7.2.3　单相交流电动机控制电路的控制过程

单相交流电动机控制电路是依靠启动按钮、停止按钮、交流接触器等控制部件来对单相交流电动机进行控制的。

图7-18所示为典型单相交流电动机控制电路的结构。单相交流电动机控制电路主要是由供电电路、保护电路、控制电路、指示灯电路及单相交流电动机等部分构成的。

（1）单相交流电动机的启动过程

图7-19所示为单相交流电动机的启动过程。合上电源总开关QS，接通单相电源。电源经常闭触点KM-3为停机指示灯HL1供电，HL1点亮。按下启动按钮SB1，交流接触器KM线圈得电。

交流接触器KM线圈得电，其常开辅助触点KM-2闭合，实现自锁功能。常开主触点KM-1闭合，电动机接通单相电源，开始启动运转。常闭辅助触点KM-3断开，切断停机指示灯HL1的供电电源，HL1熄灭。常开辅助触点KM-4闭合，运行指示灯HL2点亮，指示电动机处于工作状态。

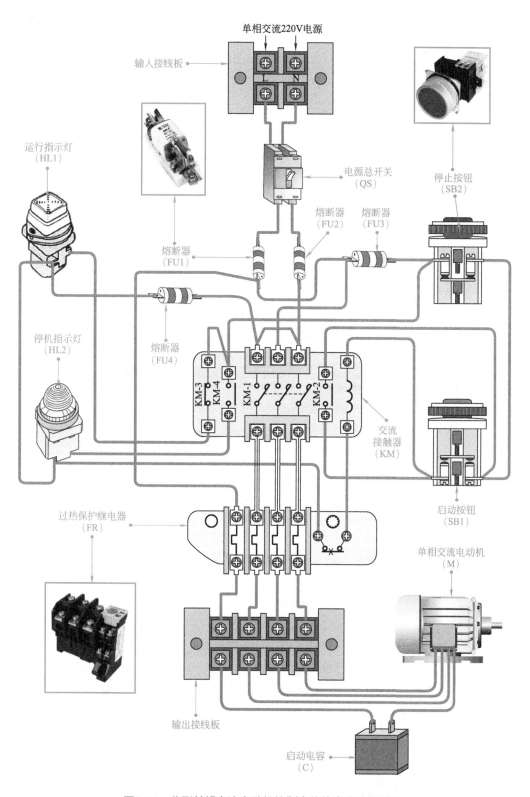

单相交流220V电源

输入接线板

运行指示灯
(HL1)

电源总开关
(QS)

停止按钮
(SB2)

熔断器
(FU2)

熔断器
(FU3)

熔断器
(FU1)

停机指示灯
(HL2)

熔断器
(FU4)

KM-3
KM-4
KM-1
KM-2

交流
接触器
(KM)

启动按钮
(SB1)

过热保护继电器
(FR)

单相交流电动机
(M)

输出接线板

启动电容
(C)

图7-16 典型单相交流电动机控制电路的实物连接关系

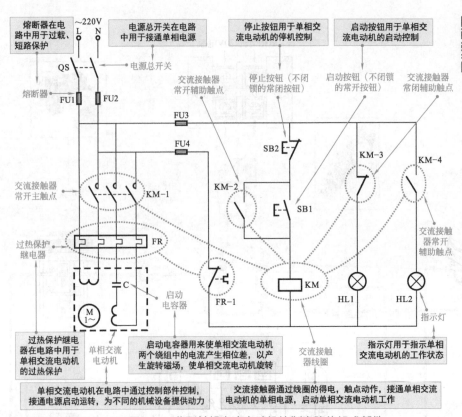

熔断器在电路中用于过载、短路保护

电源总开关在电路中用于接通单相电源

停止按钮用于单相交流电动机的停机控制

启动按钮用于单相交流电动机的启动控制

~220V

电源总开关

QS

熔断器

FU1 FU2

FU3

交流接触器常开辅助触点

FU4

停止按钮（不闭锁的常闭按钮）

启动按钮（不闭锁的常开按钮）

交流接触器常闭辅助触点

SB2

KM-2

KM-3

KM-4

交流接触器常开主触点

KM-1

SB1

交流接触器常开辅助触点

过热保护继电器

FR

C

启动电容器

FR-1

KM

HL1

HL2

M 1~

指示灯

过热保护继电器在电路中用于单相交流电动机的过热保护

单相交流电动机

启动电容器用来使单相交流电动机两个绕组中的电流产生相位差，以产生旋转磁场，使单相交流电动机旋转

交流接触器线圈

指示灯用于指示单相交流电动机的工作状态

单相交流电动机在电路中通过控制部件控制，接通电源启动运转，为不同的机械设备提供动力

交流接触器通过线圈的得电，触点动作，接通单相交流电动机的单相电源，启动单相交流电动机工作

图7-17　典型单相交流电动机控制电路的组成部件

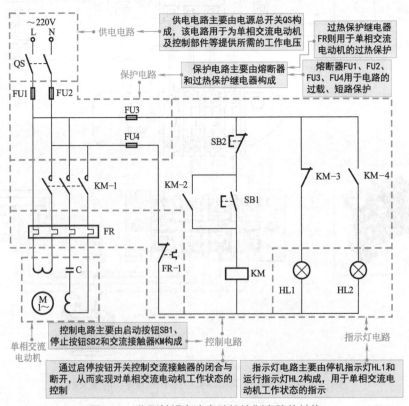

~220V

L　N

供电电路

供电电路主要由电源总开关QS构成，该电路用于为单相交流电动机及控制部件等提供所需的工作电压

过热保护继电器FR则用于单相交流电动机的过热保护

QS

保护电路

保护电路主要由熔断器和过热保护继电器构成

熔断器FU1、FU2、FU3、FU4用于电路的过载、短路保护

FU1 FU2

FU3

FU4

SB2

KM-1

KM-2

KM-3

KM-4

SB1

FR

C

FR-1

KM

HL1

HL2

M 1~

单相交流电动机

控制电路主要由启动按钮SB1、停止按钮SB2和交流接触器KM构成

控制电路

指示灯电路

通过启停按钮开关控制交流接触器的闭合与断开，从而实现对单相交流电动机工作状态的控制

指示灯电路主要由停机指示灯HL1和运行指示灯HL2构成，用于单相交流电动机工作状态的指示

图7-18　典型单相交流电动机控制电路的结构

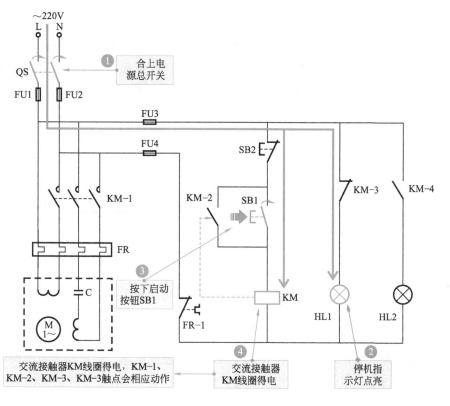

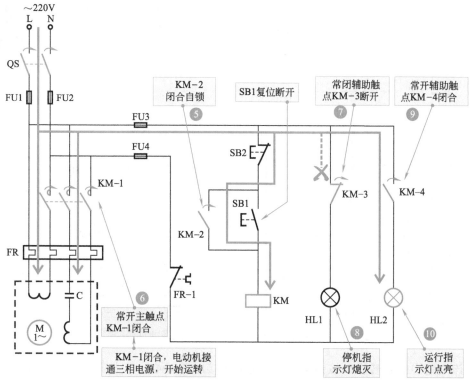

图7-19 单相交流电动机的启动过程

（2）单相交流电动机的停机过程

当需要电动机停机时，按下停止按钮SB2。交流接触器KM线圈失电，其常开辅助触点KM-2复位断开，解除自锁功能。常开主触点KM-1复位断开，切断电动机的供电电源，电动机停止运转。常闭辅助触点KM-3复位闭合，停机指示灯HL1点亮，指示电动机处于停机状态。常开辅助触点KM-4复位断开，切断运行指示灯HL2的电源供电，HL2熄灭。

7.3

单相交流电动机的控制方式

7.3.1　单相交流电动机的限位控制

带有限位开关的单相交流电动机控制电路是指通过限位开关对电动机的运转状态进行控制。当电动机带动的机械部件运动到某一位置，触碰到限位开关时，限位开关便会断开供电电路，使电动机停止。

图7-20所示为典型带有限位开关的单相交流电动机控制电路。该电路主要由供电电路、保护电路、控制电路和单相交流电动机等构成。

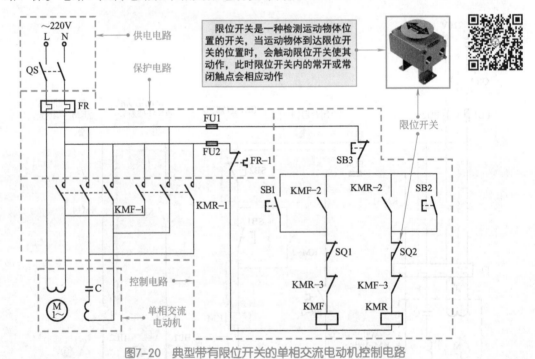

限位开关是一种检测运动物体位置的开关，当运动物体到达限位开关的位置时，会触动限位开关使其动作，此时限位开关内的常开或常闭触点会相应动作

图7-20　典型带有限位开关的单相交流电动机控制电路

该电路中的正转启动按钮SB1、正转交流接触器KMF、正转限位开关SQ1是电动机正转控制的核心部件；反转启动按钮SB2、反转交流接触器KMR、反转限位开关SQ2是电动机反转控制的核心部件。

（1）电动机正转启动过程

当需要电动机正转启动时，如图7-21所示，合上电源总开关QS，接通单相电源。按下正转启动按钮SB1，正转交流接触器KMF线圈得电。

正转交流接触器KMF线圈得电，常开辅助触点KMF-2闭合，实现自锁功能。常开主触点KMF-1闭合，电动机主线圈接通电源相序L、N，电流经启动电容C和辅助线圈形成回路，电动机正向启动运转。常闭辅助触点KMF-3断开，防止反转交流接触器KMR线圈得电。

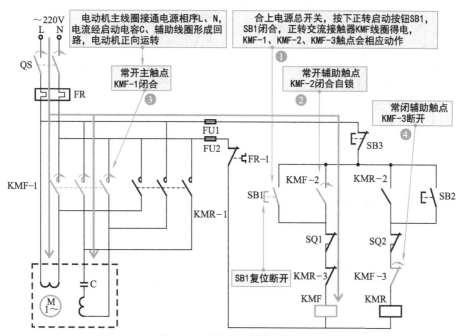

图7-21　电动机正转启动过程

（2）电动机正转停机过程

当电动机驱动的对象到达正转限位开关SQ1限定的位置时，触动正转限位开关SQ1，其常闭触点断开，正转交流接触器KMF线圈失电。常开辅助触点KMF-2复位断开，解除自锁功能。常开主触点KMF-1复位断开，切断电动机供电电源，电动机停止正向运转。常闭辅助触点KMF-3复位闭合，为反转启动做好准备。

同样，若在电动机正转过程中按下停止按钮SB3，其常闭触点断开，正转交流接触器KMF线圈失电，常开主触点KMF-1复位断开，电动机停止正向运转。

（3）电动机反转启动过程

当需要电动机反转启动时，如图7-22所示，按下反转启动按钮SB2，反转交流接触器KMR线圈得电。

反转交流接触器KMR线圈得电，常开辅助触点KMR-2闭合，实现自锁功能。常开主触点KMR-1闭合，电动机主线圈接通电源相序L、N，电流经辅助线圈和启动电容C形成回路，电动机反向启动运转。常闭辅助触点KMR-3断开，防止正转交流接触器KMF线圈得电。

（4）电动机反转停机过程

当电动机驱动的对象到达反转限位开关SQ2限定的位置时，触动反转限位开关SQ2，

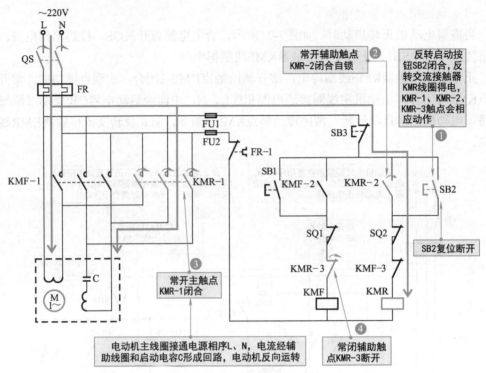

图7-22　电动机反转启动过程

常闭触点断开，反转交流接触器KMR线圈失电。常开辅助触点KMR-2复位断开，解除自锁功能。常开主触点KMR-1复位断开，切断电动机供电电源，电动机停止反向运转。常闭辅助触点KMR-3复位闭合，为正转启动做好准备。

同样，若在电动机反转过程中按下停止按钮SB3，其常闭触点断开，反转交流接触器KMR线圈失电，常开主触点KMR-1复位断开，电动机停止反向运转。

7.3.2　单相交流电动机的点动控制

采用点动开关的单相交流电动机正反转控制电路是指通过改变辅助线圈相对于主线圈的相位，来对电动机的正反转工作状态进行控制的电路，该电路中的电动机属于单相电动机，在电动机的辅助线圈上接有电容器，以便产生启动力矩帮助电动机启动。当用户按下正转启动按钮，电动机便会正向运转；按下反转启动按钮，电动机便会反向运转；按下停止按钮，电动机便会停止运转。

图7-23所示为典型采用点动开关的单相交流电动机正反转控制电路。由图7-23可知，采用点动开关的单相交流电动机正反转控制电路主要由供电电路、保护电路、控制电路、指示灯电路和电容式单相交流电动机等构成。

该电路中的正转启动按钮SB1、正转交流接触器KMF、正转指示灯HL1是电容式电动机正转控制的核心部件；反转启动按钮SB2、反转交流接触器KMR、反转指示灯HL2是电容式电动机反转控制的核心部件。

通常，启动电容器是一种用来启动单相异步电动机的交流电解电容器。单相电流不

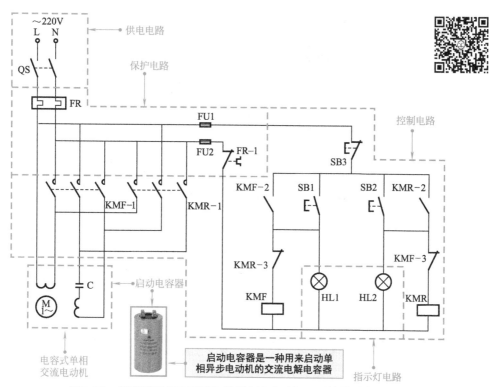

图7-23 典型采用点动开关的单相交流电动机正反转控制电路

能产生旋转磁场，需要采取电容器来分相，目的是使两个绕组中的电流产生近于90°的相位差，以产生旋转磁场，使电动机旋转。

（1）电动机正转启动过程

当需要电动机正转启动时，如图7-24所示，合上电源总开关QS，接通单相电源。按下正转启动按钮SB1，正转指示灯HL1点亮，指示电动机处于正向运转状态，正转交流接触器KMF线圈得电。

正转交流接触器KMF线圈得电，常开辅助触点KMF-2闭合，实现自锁功能。常开主触点KMF-1闭合，电动机主线圈接通电源相序L、N，电流经启动电容器C和辅助线圈形成回路，电动机正向启动运转。常闭辅助触点KMF-3断开，防止反转交流接触器KMR线圈得电。

（2）电动机正转停机过程

当需要电动机停机时，按下停止按钮SB3，正转指示灯HL1失电，HL1熄灭。正转交流接触器KMF线圈失电，常开辅助触点KMF-2复位断开，解除自锁功能。常开主触点KMF-1复位断开，切断电动机供电电源，电动机停止正向运转。常闭辅助触点KMF-3复位闭合，为反转启动做好准备。

（3）电动机反转启动过程

当需要电动机反转启动时，如图7-25所示，按下反转启动按钮SB2，反转指示灯HL2点亮，指示电动机处于反向运转状态，反转交流接触器KMR线圈得电。

反转交流接触器KMR线圈得电，常开辅助触点KMR-2闭合，实现自锁功能。常开主触点KMR-1闭合，电动机主线圈接通电源相序L、N，电流经辅助线圈和启动电容器C形

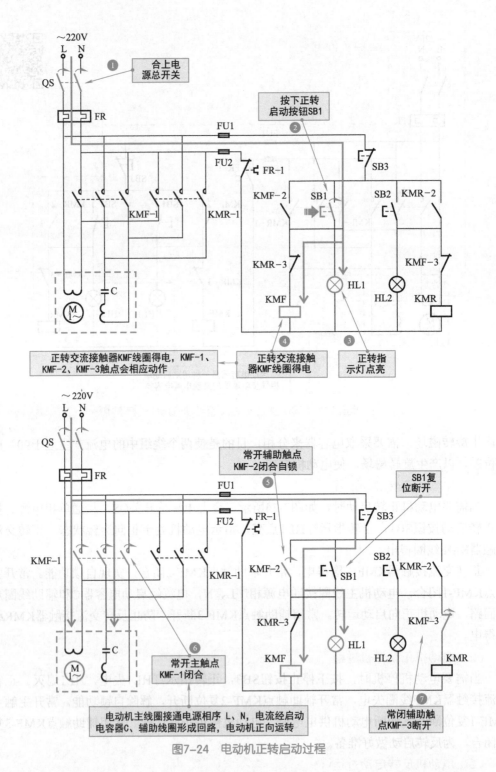

图7-24 电动机正转启动过程

成回路，电动机反向启动运转。常闭辅助触点KMR-3断开，防止正转交流接触器KMF线圈得电。

（4）电动机反转停机过程

当需要电动机反转停机时，按下停止按钮SB3。反转指示灯HL2失电，HL2熄灭。反

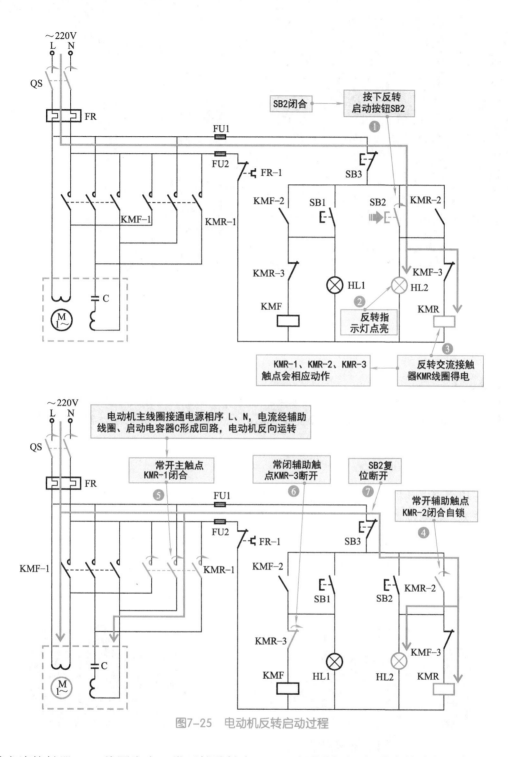

图7-25　电动机反转启动过程

转交流接触器KMR线圈失电。常开辅助触点KMR-2复位断开，解除自锁功能。常开主触点KMR-1复位断开，切断电动机供电电源，电动机停止反向运转。常闭辅助触点KMR-3复位闭合，为正转启动做好准备。

第**8**章

三相交流电动机的
自动化电气控制

8.1
三相交流电动机

8.1.1　三相交流电动机的结构

　　三相交流电动机是指具有三相绕组，并由三相交流电源供电的电动机。该电动机的转矩较大、效率较高，多用于大功率动力设备中。

　　如图8-1所示，以三相异步交流电动机为例，三相交流电动机主要是由定子、转子、转轴、轴承、端盖、外壳等部分构成的。

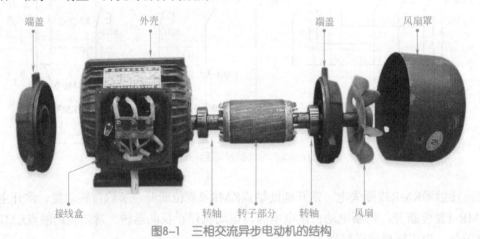

图8-1　三相交流异步电动机的结构

　　（1）三相交流电动机的定子

　　如图8-2所示，三相交流电动机的定子部分通常安装固定在电动机外壳内，与外壳制成一体。在通常情况下，三相交流电动机的定子部分主要是由定子绕组和定子的铁芯部分构成的。

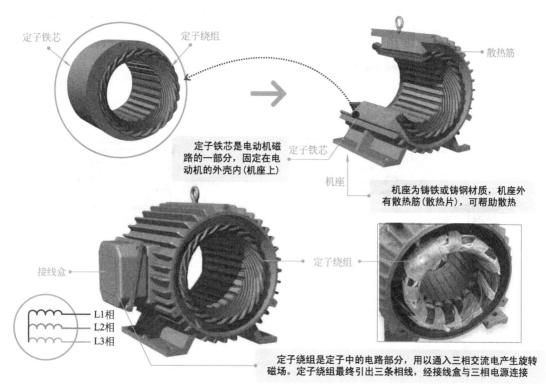

定子铁芯　　　　　定子绕组

散热筋

定子铁芯是电动机磁路的一部分，固定在电动机的外壳内(机座上)

定子铁芯

机座

机座为铸铁或铸钢材质，机座外有散热筋(散热片)，可帮助散热

接线盒

定子绕组

L1相
L2相
L3相

定子绕组是定子中的电路部分，用以通入三相交流电产生旋转磁场。定子绕组最终引出三条相线，经接线盒与三相电源连接

图8-2　三相交流电动机定子的结构

📖 **提示说明**

如图8-3所示，三相交流电动机的定子绕组引出三条线，经接线盒与三相电源连接。三相定子绕组有两种连接方式：一种是星形连接方式，又称Y形；另一种是三角形连接方式，又称△形。

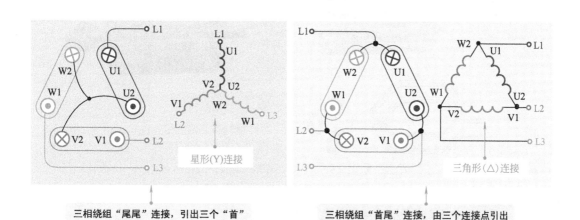

星形(Y)连接

三角形(△)连接

三相绕组"尾尾"连接，引出三个"首"

三相绕组"首尾"连接，由三个连接点引出

图8-3　三相交流电动机定子绕组的连接形式

（2）三相交流电动机的转子

转子是三相交流电动机的旋转部分，通过感应电动机定子形成的旋转磁场产生感应转矩而转动。以三相交流异步电动机为例，其转子有两种结构形式，即笼型和绕线型转子。

图8-4为三相交流异步电动机笼型转子的结构。

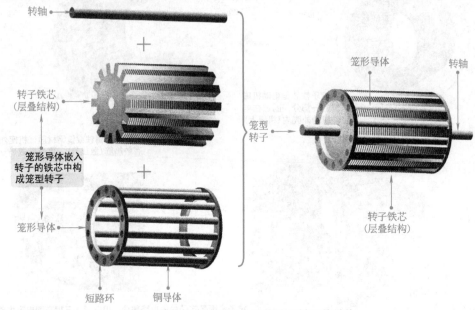

图8-4　三相交流异步电动机笼型转子的结构

图8-5为三相交流异步电动机绕线型转子的结构。绕线型转子主要由转子铁芯、转子绕组、集电环（滑环）和转轴等部件构成，将绕组镶到转子铁芯的槽中，绕组的三个引出线连接到三个集电环上，三个集电环彼此之间装有绝缘层。

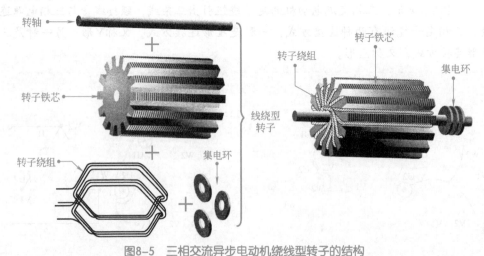

图8-5　三相交流异步电动机绕线型转子的结构

8.1.2　三相交流电动机的工作原理

如图8-6所示，三相交流异步电动机在三相交流供电的条件下工作。

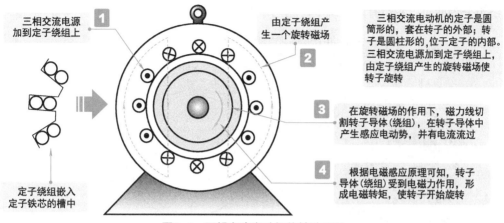

三相交流电源加到定子绕组上 **1**

由定子绕组产生一个旋转磁场 **2**

三相交流电动机的定子是圆筒形的,套在转子的外部;转子是圆柱形的,位于定子的内部。三相交流电源加到定子绕组上,由定子绕组产生的旋转磁场使转子旋转

3 在旋转磁场的作用下,磁力线切割转子导体(绕组),在转子导体中产生感应电动势,并有电流流过

4 根据电磁感应原理可知,转子导体(绕组)受到电磁力作用,形成电磁转矩,使转子开始旋转

定子绕组嵌入定子铁芯的槽中

图8-6 三相交流电动机的转动原理

　　图8-7为三相交流电的相位关系。三相交流电动机需要三相交流电源提供工作条件。满足工作条件后,三相交流电动机的转子之所以会旋转且实现能量转换,是因为转子气隙内有一个沿定子内圆旋转的磁场。

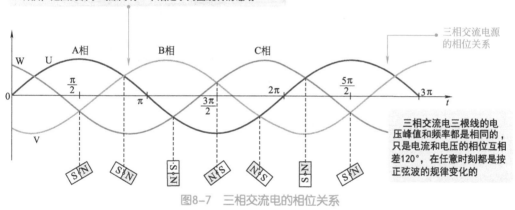

三相交流电动机需要三相交流电源提供工作条件。满足工作条件后,三相交流电动机的转子之所以会旋转且实现能量转换,是因为转子气隙内有一个沿定子内圆旋转的磁场

三相交流电源的相位关系

三相交流电三根线的电压峰值和频率都是相同的,只是电流和电压的相位互相差120°,在任意时刻都是按正弦波的规律变化的

图8-7 三相交流电的相位关系

📖 提示说明

　　三相交流异步电动机接通三相电源后,定子绕组有电流流过,产生一个转速为n_0的旋转磁场。在旋转磁场的作用下,电动机转子受电磁力的作用以转速n开始旋转。这里n始终不会加速到n_0,只有这样,转子导体(绕组)与旋转磁场之间才会有相对运动而切割磁力线,转子导体(绕组)中才能产生感应电动势和电流,产生电磁转矩,使转子按照旋转磁场的方向连续旋转。定子磁场对转子的异步转矩是异步电动机工作的必要条件。"异步"的名称也由此而来。

　　图8-8为三相交流电源加到定子线圈上后,三相交流异步电动机定子磁场的形成过程。三相交流电源变化一个周期,三相交流异步电动机的定子磁场转过1/2转,每一相定

子绕组分为两组，每组有两个绕组，相当于两个定子磁极。

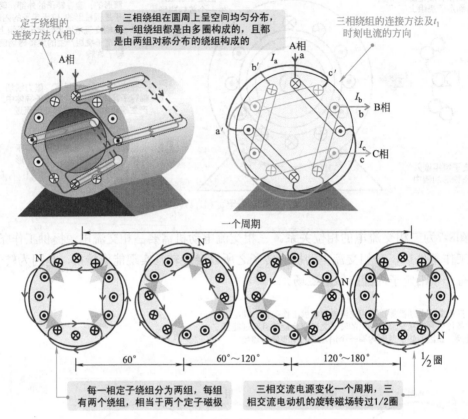

图8-8 三相交流异步电动机定子磁场的形成过程

如图8-9所示，三相交流异步电动机合成磁场是指三相绕组产生旋转磁场的矢量和。

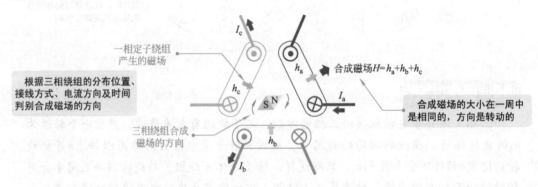

图8-9 三相交流异步电动机的合成磁场

当三相交流异步电动机三相绕组加入交流电源时，由于三相交流电源的相位差为120°，绕组在空间上呈120°对称分布，因而可根据三相绕组的分布位置、接线方式、电流方向及时间判别合成磁场的方向。图8-10为三相交流异步电动机合成磁场在不同时间段的变化过程。

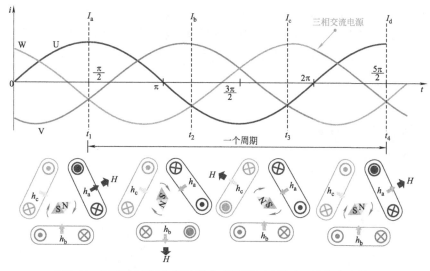

图8-10 三相交流异步电动机合成磁场在不同时间段的变化过程

8.2

三相交流电动机的控制电路

8.2.1 三相交流电动机控制电路的特点

三相交流电动机控制电路可以实现的功能较多，如三相交流电动机的启动、运转、变速、制动、正转、反转和停机等。图8-11所示为典型的三相交流电动机控制电路。

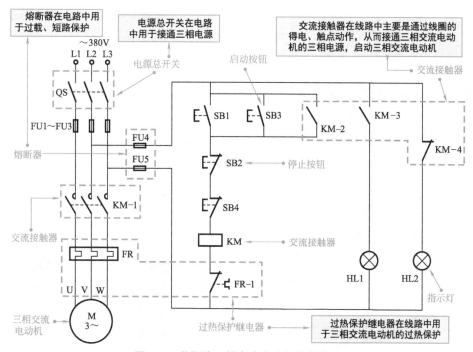

图8-11 典型的三相交流电动机控制电路

由图8-11可知，三相交流电动机控制电路是由电源总开关、熔断器、过热保护继电器、交流接触器、按钮（启动/停止）、指示灯以及三相交流电动机等构成的。

图8-12为典型三相交流电动机控制电路的主要部件及实物连接关系。

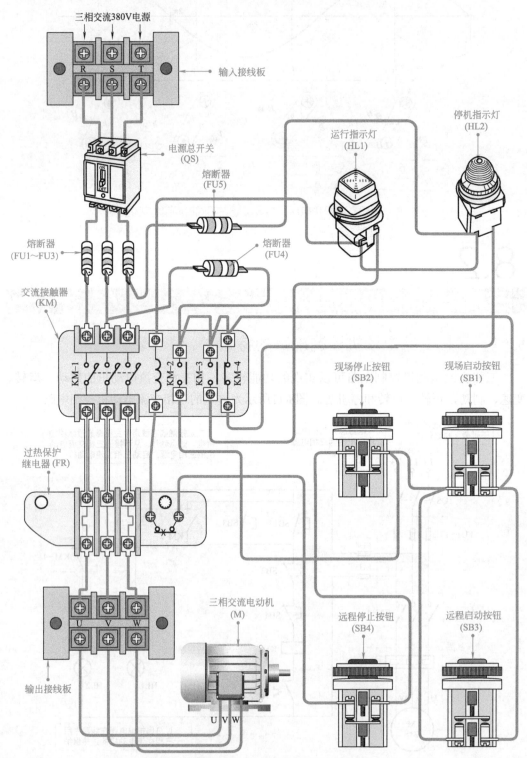

图8-12 典型三相交流电动机控制电路的主要部件及实物连接关系

8.2.2　三相交流电动机控制电路的控制过程

三相交流电动机的控制需要有控制部件，即依靠启动按钮、停止按钮、交流接触器等控制部件来对三相交流电动机进行控制，图8-13所示为典型三相交流电动机现场、远程控制电路的结构。

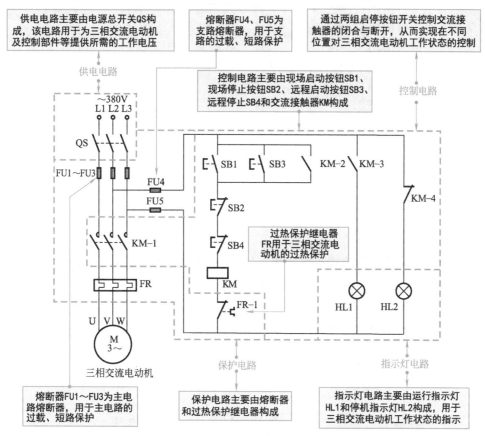

供电电路主要由电源总开关QS构成，该电路用于为三相交流电动机及控制部件等提供所需的工作电压

熔断器FU4、FU5为支路熔断器，用于支路的过载、短路保护

通过两组启停按钮开关控制交流接触器的闭合与断开，从而实现在不同位置对三相交流电动机工作状态的控制

控制电路主要由现场启动按钮SB1、现场停止按钮SB2、远程启动按钮SB3、远程停止按钮SB4和交流接触器KM构成

过热保护继电器FR用于三相交流电动机的过热保护

熔断器FU1~FU3为主电路熔断器，用于主电路的过载、短路保护

保护电路主要由熔断器和过热保护继电器构成

指示灯电路主要由运行指示灯HL1和停机指示灯HL2构成，用于三相交流电动机工作状态的指示

图8-13　典型三相交流电动机现场、远程控制电路的结构

由图8-13可知，该三相交流电动机整个电路可以划分为供电电路、保护电路、控制电路、指示灯电路等，每个电路都有着非常重要的作用，通过各电路间相互协调和配合，最终可实现三相交流电动机的启动、停机、远程启动以及远程停机控制。

（1）三相交流电动机的现场启动过程

如图8-14所示，合上电源总开关QS，接通三相电源，电源经交流接触器的常闭辅助触点KM-4为停机指示灯HL2供电，HL2点亮，表明三相交流电动机处于停机状态。

启动三相交流电动机时，按下现场启动按钮SB1，交流接触器KM线圈得电，交流接触器KM的常开辅助触点KM-2闭合，实现自锁功能，常开主触点KM-1闭合，三相交流电动机接通三相电源，开始启动运转。

常开辅助触点KM-3闭合，运行指示灯HL1点亮，指示三相交流电动机处于工作状态。常闭辅助触点KM-4断开，切断停机指示灯HL2的供电电源，HL2熄灭。

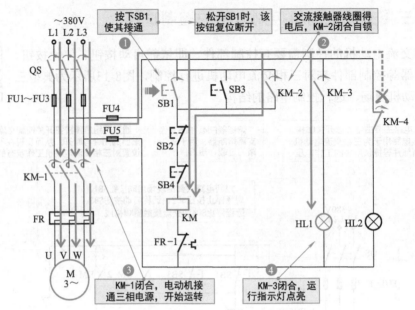

图8-14 三相交流电动机的现场启动过程

（2）三相交流电动机的现场停机过程

当需要三相交流电动机停机时，按下现场停止按钮SB2，如图8-15所示，此时，交流接触器KM线圈失电，其常开辅助触点KM-2复位断开，解除自锁功能。

常开主触点KM-1复位断开，切断三相交流电动机的供电电源，三相交流电动机停止运转。常开辅助触点KM-3复位断开，切断运行指示灯HL1的供电电源，HL1熄灭。

常闭辅助触点KM-4复位闭合，停机指示灯HL2点亮，指示三相交流电动机处于停机状态。

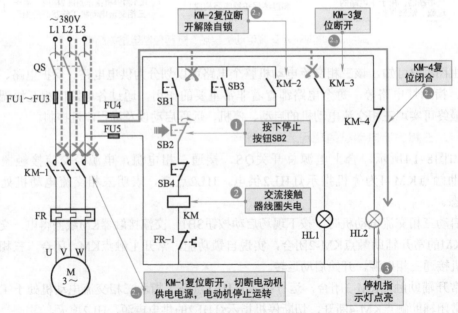

图8-15 三相交流电动机的现场停机过程

（3）三相交流电动机的远程启动过程

该三相交流电动机控制电路还可以实现远程启动操作，即在远地设置一个启动开关SB3使之与现场启动开关SB1并联。

当按下远程启动按钮SB3时，其动作与现场启动的动作相同，即交流接触器KM线圈得电，其常开辅助触点KM-2闭合，实现自锁功能，此时常开主触点KM-1闭合，三相交流电动机接通三相电源，开始启动运转。

常开辅助触点KM-3闭合，运行指示灯HL1点亮，指示三相交流电动机处于工作状态。

常闭辅助触点KM-4断开，切断停机指示灯HL2的供电电源，HL2熄灭。

（4）三相交流电动机的远程停机过程

若是需要对三相交流电动机进行远程停机操作时，需要设置一远程停止开关SB4，并使之与现场停机开关SB2串联，需要按下远程停止按钮SB4，此时交流接触器KM线圈失电，其常开辅助触点KM-2复位断开，解除自锁功能。

常开主触点KM-1复位断开，切断三相交流电动机的供电电源，三相交流电动机停止运转。常开辅助触点KM-3复位断开，切断运行指示灯HL1的供电电源，HL1熄灭。

常闭辅助触点KM-4复位闭合，停机指示灯HL2点亮，指示三相交流电动机处于停机状态。

8.3

三相交流电动机的控制方式

8.3.1 三相交流电动机的定时启停控制

三相交流电动机的定时启动、定时停机控制电路是指在规定的时间内自行启动、自行停止的控制电路，若要实现该功能，则需要用到时间继电器进行控制。

图8-16为典型三相交流电动机定时启停控制电路。当按下电路中的启动按钮，三相交流电动机会延时一段时间启动运转。三相交流电动机运转一段时间后会自动停机。

📖 **提示说明**

> 时间继电器本身是一种延时或周期性定时闭合、切断控制电路的继电器，当线圈得电后，经一段时间延时后（预先设定时间），其常开、常闭触点才会动作。

三相交流电动机的定时启动、定时停机控制电路主要由供电电路、保护电路、控制电路、指示灯电路和三相交流电动机等构成。该电路中的总断路器QF、启动按钮SB、中间继电器KA、时间继电器KT1/KT2、交流接触器KM为三相交流电动机定时启动、定时停机控制的核心部件。

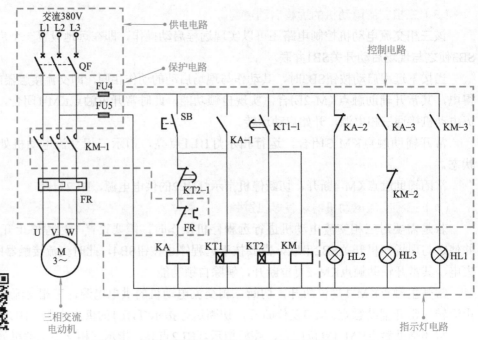

图8-16　典型三相交流电动机定时启停控制电路

> 📖 **提示说明**
>
> 　　在控制电路中，按下启动按钮后进入启动状态的时间（即定时启动时间）和三相交流电动机运转工作的时间（即定时停机时间）都是由时间继电器控制的，具体的定时启动和定时停机时间可预先对时间继电器进行延时设定。这样就可以达到定时启动和定时停机的目的。

（1）三相交流电动机的等待启动过程

控制三相交流电动机启动时，需要有一个等待的过程，即时间继电器设定的时间，如图8-17所示，合上总断路器QF，接通三相电源。

电源经中间继电器KA的常闭触点KA-2为停机指示灯HL2供电，HL2点亮。

当按下启动按钮SB后，中间继电器KA线圈和时间继电器KT1线圈同时得电，相关触点作以下动作。

① 中间继电器KA线圈得电，常开触点KA-1闭合，实现自锁功能。

② 常闭触点KA-2断开，切断停机指示灯HL2的供电，HL2熄灭。

③ 常开触点KA-3闭合，等待指示灯HL3点亮，指示三相交流电动机处于等待启动状态。

④ 时间继电器KT1线圈得电，进入等待计时状态（预先设定的等待时间）。

（2）三相交流电动机的启动过程

时间继电器KT1进入等待计时状态后，当到达预先设定的等待时间时，时间继电器的各触点开始动作，如图8-18所示。

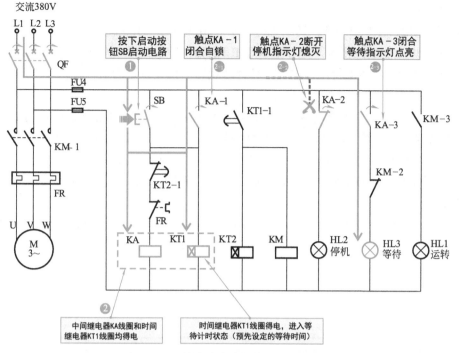

图8-17　三相交流电动机的等待启动过程

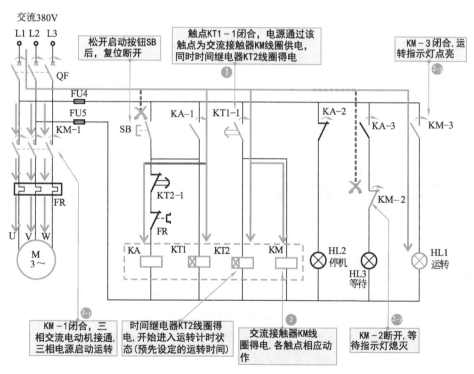

图8-18　三相交流电动机的启动过程

常开触点KT1-1闭合，交流接触器KM线圈和时间继电器KT2线圈同时得电。

交流接触器KM线圈得电后，常开主触点KM-1闭合，三相交流电动机接通三相电源，启动运转。

常闭辅助触点KM-2断开，切断等待指示灯HL3供电，HL3熄灭。

常开辅助触点KM-3闭合，运行指示灯HL1点亮，指示三相交流电动机处于运转状态。

时间继电器KT2线圈得电，进入运转计时状态（预先设定的运转时间）。

（3）三相交流电动机的定时停机过程

如图8-19所示，时间继电器KT2进入运转计时状态后，当到达预先设定的运转时间时，常闭触点KT2-1断开，从而使中间继电器KA线圈失电，相关触点复位。

常开触点KA-1复位断开，解除自锁功能，同时时间继电器KT1线圈失电，时间继电器KT1线圈和交流接触器KM线圈失电后，则直接控制三相交流电动机停止运行，如图8-19所示。

常闭触点KA-2复位闭合，停机指示灯HL2点亮，指示三相交流电动机处于停机状态。

常开触点KA-3复位断开，切断等待指示灯HL3供电电源，等待指示灯HL3熄灭。

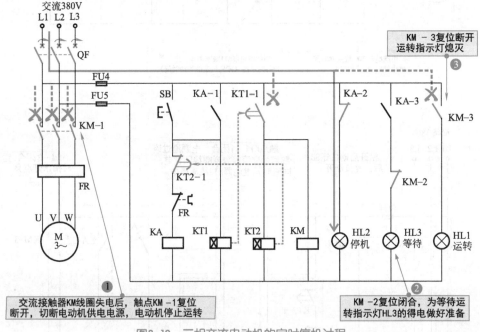

图8-19　三相交流电动机的定时停机过程

📖 **提示说明**

由图8-19可知，时间继电器KT2线圈失电，常闭触点KT2-1复位闭合，为三相交流电动机的下一次定时启动、定时停机做好准备。

8.3.2　三相交流电动机的Y-△降压启动控制

三相交流电动机Y-△降压启动控制电路，是指三相交流电动机启动时，由电路控制三相交流电动机定子绕组先连接成Y形方式，进入降压启动状态，待转速达到一定值后，再由电路控制将三相交流电动机的定子绕组换接成△形，此后三相交流电动机进入全压正常运行状态。

当三相交流电动机采用Y形连接时，三相交流电动机每相承受的电压均为220V，当三相交流电动机采用△形连接时，三相交流电动机每相绕组承受的电压为380V，如图8-20所示。

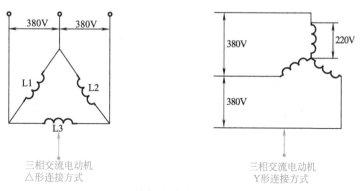

图8-20 三相交流电动机的连接形式

图8-21所示为典型三相交流电动机的Y-△降压启动控制电路，由图可知，该控制电路主要是由供电电路、保护电路、控制电路以及三相交流电动机构成的。

其中，启动按钮SB2，停止按钮SB1，交流接触器KM1、KMY、KM△，时间继电器KT为三相交流电动机Y-△降压启动控制的核心部件。

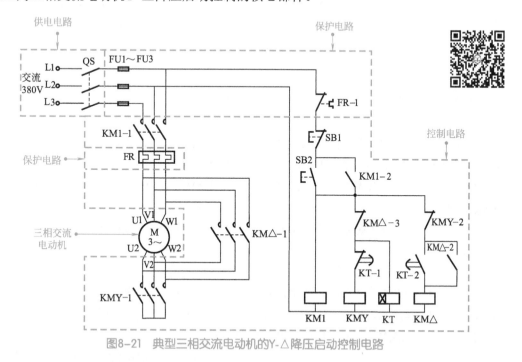

图8-21 典型三相交流电动机的Y-△降压启动控制电路

（1）三相交流电动机的降压启动过程

使用三相交流电动机的Y-△降压启动控制电路进行降压启动时，首先要合上电源总开关QS，接通三相电源，按下启动按钮SB2，此时交流接触器KM1线圈和KMY线圈得电，相应的触点动作；同时时间继电器KT线圈得电（按预先设定的降压启动运转时间），进入降压启动计时状态。如图8-22所示，当交流接触器KM1线圈得电，常开辅助触点KM1-2闭合自锁。常开主触点KM1-1闭合，为三相交流电动机的启动做好准备。交流接触器KMY线圈得电，常开主触点KMY-1闭合，三相交流电动机以Y连接方式接通电源，降压启动运转。常闭辅助触点KMY-2断开，防止交流接触器KM△线圈得电，起联锁保护作用。

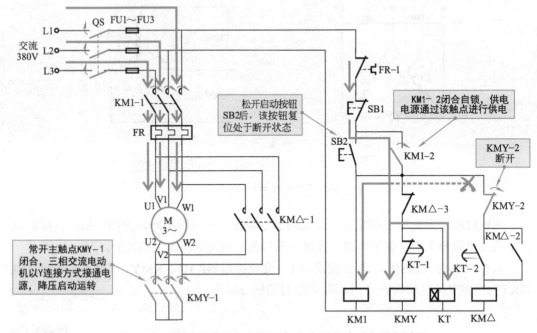

图8-22 三相交流电动机的降压启动（Y连接方式）控制过程

（2）三相交流电动机的全压启动过程

在该控制电路中安装有时间继电器，主要是控制在一定的时间内，三相交流电动机可自行进入△形运转。

如图8-23所示，时间继电器KT进入降压启动计时状态后，当达到预先设定的降压启动运转时间时，常闭触点KT-1断开，常开触点KT-2闭合。

交流接触器KMY线圈失电，触点全部复位，KMY-2复位闭合，KM△线圈得电，触点相应动作。

常开主触点KMY-1复位断开，常开主触点KM△-1闭合，三相交流电动机由Y形转为△形运转。

（3）三相交流电动机的停机过程

若需要对三相交流电动机Y-△降压启动控制电路进行停机操作时，需要按下停止按钮SB1，如图8-24所示，此时交流接触器KM1线圈失电，交流接触器的相关触点动作。

常开辅助触点KM1-2复位断开，解除自锁功能。

常开主触点KM1-1复位断开，切断三相交流电动机的供电电源，三相交流电动机停止运转。

同时交流接触器KM△线圈失电。

常开辅助触点KM△-2复位断开，解除自锁功能。

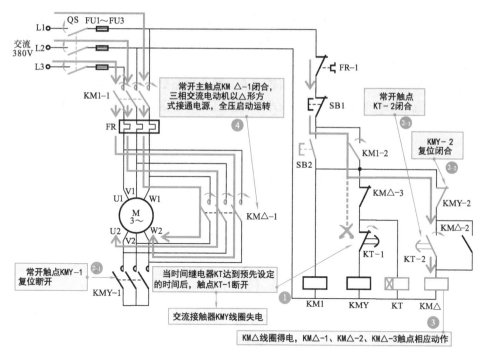

图8-23　三相交流电动机的全压启动（△连接方式）控制过程

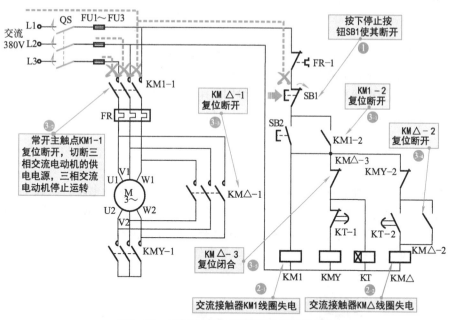

图8-24　三相交流电动机的停机控制过程

常开主触点KM△-1复位断开，解除三相交流电动机定子绕组的△形连接方式。

常闭辅助触点KM△-3复位闭合，为下一次降压启动做好准备。

8.3.3　三相交流电动机的点动/连续控制

使用旋转开关控制的三相交流电动机在进行点动、连续控制时，主要是通过控制按钮和旋转开关来实现的，如图8-25所示，若保持旋转开关在解锁断开状态，整个电路处于点动控制模式，即按下控制按钮，三相交流电动机便启动运转；松开控制按钮，三相交流电动机立即停转。

当调整旋转按钮，使其处于闭合自锁状态，整个电路处于连续控制模式，即按下控制按钮，三相交流电动机便启动运转；松开控制按钮，三相交流电动机依然保持运转状态。

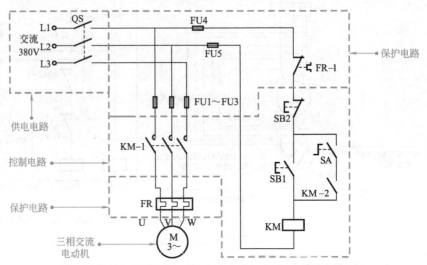

图8-25 典型由旋转开关控制的三相交流电动机点动/连续控制电路

由图8-25可知，由旋转开关控制的三相交流电动机点动、连续控制电路主要由供电电路、保护电路、控制电路和三相交流电动机等构成。

在该电路中的电源总开关QS、控制按钮SB1、停止按钮SB2、旋转开关SA、交流接触器KM、过热保护继电器FR为三相交流电动机启动控制的核心部件。

📖 **提示说明**

> 旋转开关是一种转动式的闸刀开关，主要用于闭合或切断电路、换接电源或局部照明等。当调整旋转开关，旋转开关便处于闭合锁定状态，再调整一下旋转开关，旋转开关会断开解除锁定。一般来说，旋转开关的初始状态为解锁断开。旋转开关的外形如图8-26所示。

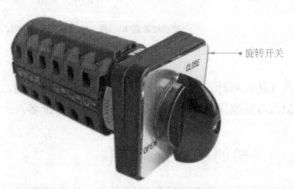

旋转开关

图8-26 旋转开关的实物外形

（1）三相交流电动机的点动控制过程

对三相交流电动机进行点动控制时，首先要将旋转开关SA置于断开状态，然后合上电源总开关QS，接通三相电源，如图8-27所示，此时，按下控制按钮SB1，交流接触器KM线圈得电。

交流接触器KM线圈得电后，常闭主触点KM-1闭合，三相交流电动机接通三相电源，启动运转。

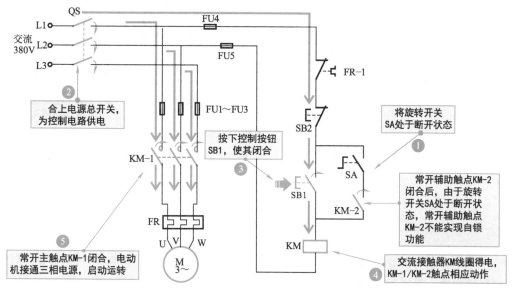

图8-27　三相交流电动机的点动启动前KM线圈的得电过程

如图8-28所示，当松开控制按钮SB1，交流接触器KM线圈失电，常开主触点KM-1复位断开，切断三相交流电动机供电电源，三相交流电动机停止运转，从而实现三相交流电动机的点动控制。

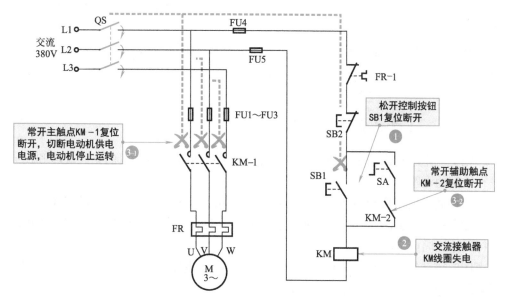

图8-28　点动状态时，松开控制按钮的控制过程

（2）三相交流电动机的连续控制过程

使用该电路进行连续控制时，首先需要将旋转开关SA设置为闭合状态，如图8-29所示，然后按下控制按钮SB1，SB1闭合，交流接触器KM线圈得电。

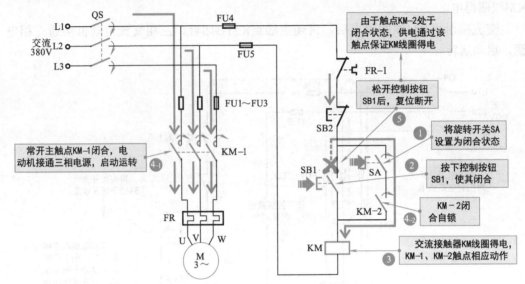

图8-29 连续状态的控制过程

交流接触器KM线圈得电后，常开主触点KM-1闭合，三相交流电动机接通三相电源，启动运转。常开辅助触点KM-2闭合实现自锁功能。

SB1复位断开，由于旋转开关SA闭合，且常开辅助触点KM-2闭合自锁，交流接触器KM线圈持续得电，保证主触点KM-1一直处于闭合状态，维持三相交流电动机连续供电，进行工作。

（3）三相交流电动机的停机控制过程

当需要三相交流电动机停机时，按下停止按钮SB2，此时交流接触器KM线圈失电，触点全部复位：

常开主触点KM-1复位断开，切断三相交流电动机的供电电源，三相交流电动机停止运转，常开辅助触点KM-2复位断开，解除自锁功能。

8.3.4 三相交流电动机的正反转控制

三相交流电动机的正反转连续控制电路是指对三相交流电动机的正向旋转和反向旋转进行控制的电路。

该电路通常使用启动按钮和交流接触器对三相交流电动机的正、反转工作状态进行控制，如图8-30所示，并且电路中加入自锁功能，当按下启动按钮后，三相交流电动机便会持续地正向或反向旋转。

由图8-30可知，三相交流电动机正反转连续控制电路主要由供电电路、保护电路、控制电路、指示灯电路和三相交流电动机等构成。

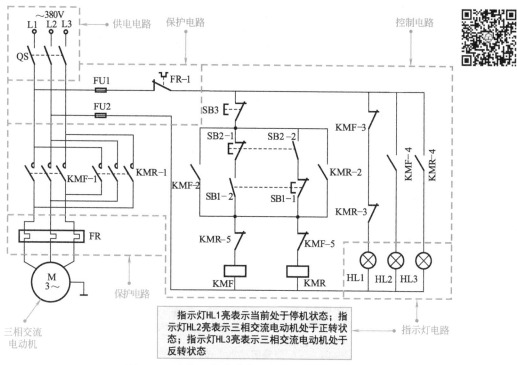

在该电路中的正转复合按钮SB1、正转交流接触器KMF、正转指示灯HL2是三相交流电动机正转连续控制的核心部件。

反转复合按钮SB2、反转交流接触器KMR、反转指示灯HL3是三相交流电动机反转连续控制的核心部件。

进行正转启动控制时，首先合上电源总开关QS，接通三相电源，此时电源经交流接触器KMF、KMR的常闭辅助触点KMF-3、KMR-3为停机指示灯HL1供电，HL1点亮，提示当前处于停机状态。

如图8-31所示，当按下正转复合按钮SB1时，常闭触点SB1-1断开，防止反转交流接触器KMR线圈得电。常开触点SB1-2闭合，正转交流接触器KMF线圈得电，相应的触点动作。

正转交流接触器KMF线圈得电后，使三相交流电动机控制电路产生相应的功能：

常开主触点KMF-1闭合，三相交流电动机接通三相电源相序L1、L2、L3，正向启动运转；

常开辅助触点KMF-2闭合，实现自锁功能，使正转交流接触器KMF线圈一直处于得电状态；

常闭辅助触点KMF-3断开，切断停机指示灯HL1的供电电源，HL1熄灭；

常开辅助触点KMF-4闭合，正转指示灯HL2点亮，指示三相交流电动机处于正向运转状态；

常闭辅助触点KMF-5断开，防止反转交流接触器KMR线圈得电。

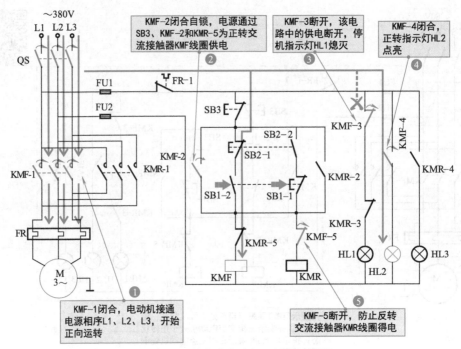

图8-31 三相交流电动机正转启动过程

（2）三相交流电动机正转停机过程

当需要三相交流电动机在正转状态下停机时，需要按下停止按钮SB3，正转交流接触器KMF线圈失电，内部触点均复位动作：

常开辅助触点KMF-2复位断开，解除自锁功能；

常开主触点KMF-1复位断开，切断三相交流电动机供电电源，三相交流电动机停止正向运转；

常闭辅助触点KMF-3复位闭合，停机指示灯HL1点亮，指示三相交流电动机处于停机状态；

常开辅助触点KMF-4复位断开，切断正转指示灯HL2的供电电源，HL2熄灭；

常闭辅助触点KMF-5复位闭合，为反转启动做好准备。

（3）三相交流电动机反转启动过程

使用该电路实现三相交流电动机反转时，需要按下反转复合按钮SB2，如图8-32所示，此时，常闭触点SB2-1断开，防止正转交流接触器KMF线圈得电；常开触点SB2-2闭合，反转交流接触器KMR线圈得电，相应的触点开始动作。

当反转交流接触器KMR线圈得电后，常开辅助触点KMR-2闭合，实现自锁功能；

常开主触点KMR-1闭合，三相交流电动机接通三相电源相序L3、L2、L1，反向启动运转；

常闭辅助触点KMR-3断开，切断停机指示灯HL1的供电电源，HL1熄灭；

常开辅助触点KMR-4接通，反转指示灯HL3点亮，指示三相交流电动机处于反向运转状态；

常闭辅助触点KMR-5断开，防止正转交流接触器KMF线圈得电。

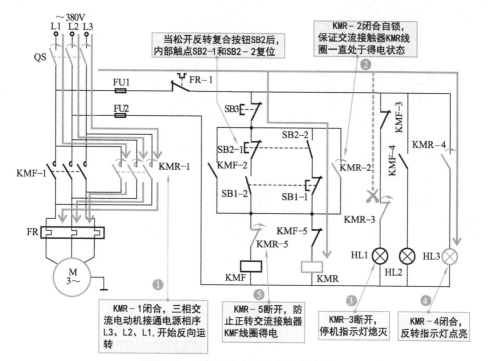

图8-32 三相交流电动机反转启动过程

（4）三相交流电动机反转停机过程

当需要三相交流电动机停机时，按下停机按钮SB3，其常闭触点断开，从而断开供电电源，此时反转交流接触器KMR线圈失电，内部的触点均复位：

常开辅助触点**KMR-2**复位断开，解除自锁功能；

常开主触点**KMR-1**复位断开，切断三相交流电动机供电电源，三相交流电动机停止反向运转；

常闭辅助触点**KMR-3**复位闭合，停机指示灯**HL1**点亮，指示三相交流电动机处于停机状态；

常开辅助触点**KMR-4**复位断开，切断反转指示灯HL3的供电电源，HL3熄灭；

常闭辅助触点**KMR-5**复位闭合，为正转启动做好准备。

第 **9** 章

机电设备的自动化
电气控制

9.1
工业电气设备的自动化控制

9.1.1　工业电气控制电路的特点

　　工业电气设备是指使用在工业生产中所需要的设备，随着技术的发展和人们生活水平的提升，工业电气设备的种类越来越多，例如机床设备、电梯控制设备、货物升降机设备、电动葫芦、给排水控制设备等。

　　不同工业电气设备所选用的控制器件、功能部件、连接部件以及电动机等基本相同，但根据选用部件数量的不同以及对不同器件间的不同组合，便可以实现不同的功能。图9-1所示为典型工业电气设备的电气控制电路。

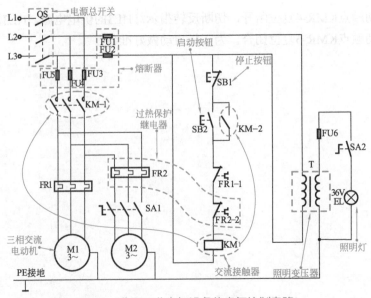

图9-1　典型工业电气设备的电气控制电路

典型工业电气设备的电气控制电路主要是由电源总开关、熔断器、过热保护继电器、转换开关、交流接触器、启动按钮（不闭锁的常开按钮）、停止按钮、照明灯、三相交流电动机等部件构成的，根据该电气控制电路图通过连接导线将相关的部件进行连接后，即构成了工业电气设备的电气控制电路，如图9-2所示。

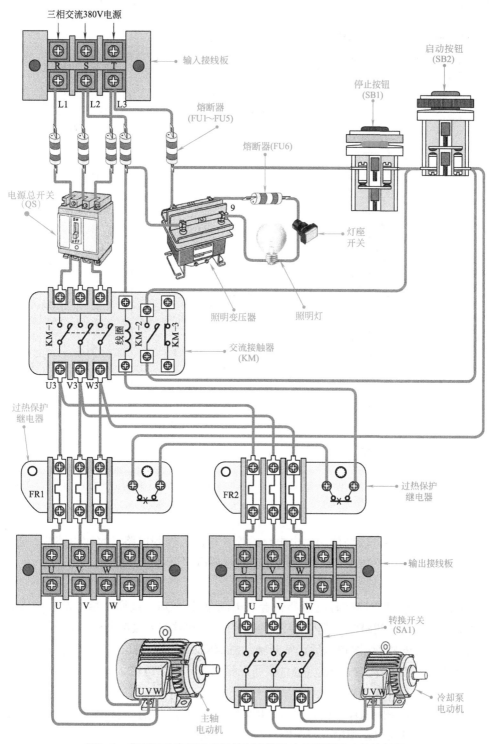

图9-2　典型工业电气设备及控制电路的主要部件及实物连接图

9.1.2 工业电气控制电路的控制过程

工业电气设备是依靠启动按钮、停止按钮、转换开关、交流接触器、过热保护继电器等控制部件来对电动机进行控制，再由电动机带动电气设备中的机械部件运作，从而实现对电气设备的控制，图9-3所示为典型工业电气设备的电气控制图。

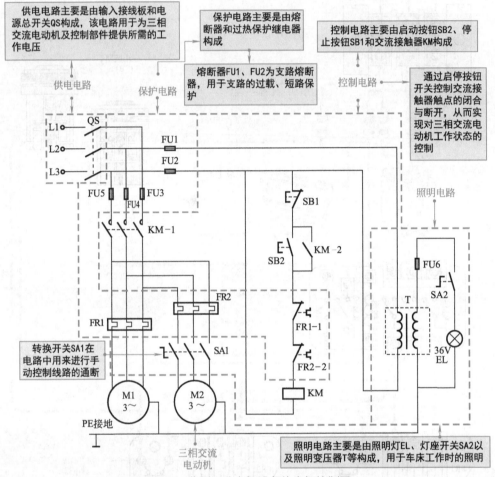

供电电路主要是由输入接线板和电源总开关QS构成，该电路用于为三相交流电动机及控制部件提供所需的工作电压

保护电路主要是由熔断器和过热保护继电器构成

控制电路主要由启动按钮SB2、停止按钮SB1和交流接触器KM构成

熔断器FU1、FU2为支路熔断器，用于支路的过载、短路保护

通过启停按钮开关控制交流接触器触点的闭合与断开，从而实现对三相交流电动机工作状态的控制

转换开关SA1在电路中用来进行手动控制线路的通断

照明电路主要是由照明灯EL、灯座开关SA2以及照明变压器T等构成，用于车床工作时的照明

图9-3 典型工业电气设备的电气控制图

该电气控制电路可以划分为供电电路、保护电路、控制电路、照明电路等，各电路之间相互协调，通过控制部件最终实现合理地对各电气设备进行控制。

（1）主轴电动机的启动过程

当控制主轴电动机启动时，需要先合上电源总开关QS，接通三相电源，如图9-4所示，然后按下启动按钮SB2，其内部常开触点闭合，此时交流接触器KM线圈得电。

当交流接触器KM线圈得电后，常开辅助触点KM-2闭合自锁，使KM线圈保持得电。常开主触点KM-1闭合，电动机M1接通三相电源，开始运转。

（2）冷却泵电动机的控制过程

通过电气控制图可知，只有在主轴电动机M1得电运转后，转换开关SA1才能起作用，才可以对冷却泵电动机M2进行控制，如图9-5所示。

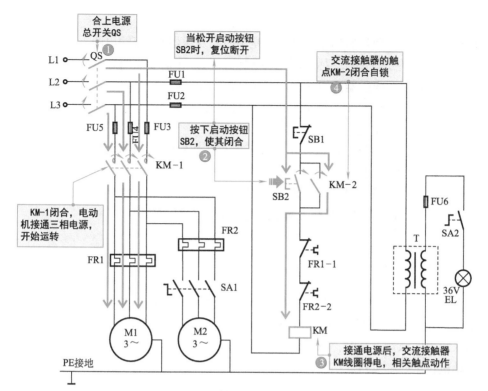

图9-4　主轴电动机的启动过程

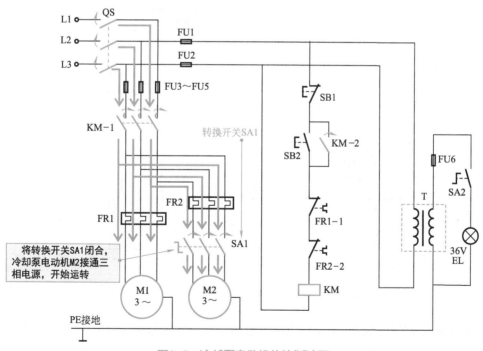

图9-5　冷却泵电动机的控制过程

　　转换开关SA1在断开状态时，冷却泵电动机M2处于待机状态；转换开关SA1闭合，冷却泵电动机M2接通三相电源，开始启动运转。

（3）照明灯的控制过程

在该电路中，照明灯的36 V供电电压是由照明变压器T次级输出的。

照明灯EL的亮/灭状态，受灯座开关SA2的控制，在需要照明灯时，可将SA2旋至接通的状态，此时照明变压器次级通路，照明灯EL亮。

将SA2旋至断开的状态，照明灯处于灭的状态。

（4）电动机的停机过程

若是需要对该电路进行停机操作，按下停止按钮SB1，切断电路的供电电源，此时交流接触器KM线圈失电，其触点全部复位。

常开主触点KM-1复位断开，切断电动机供电电源，停止运转。

常开触助触点KM-2复位断开，解除自锁功能。

9.1.3 供水电路的自动化控制

带有继电器的电动机供水控制电路一般用于供水电路中，这种电路通过液位检测传感器检测水箱内水的高度。当水箱内的水量过低时，电动机带动水泵运转，向水箱内注水；当水箱内的水量过高时，则电动机自动停止运转，停止注水。图9-6所示为带有继电器的电动机供水控制电路。

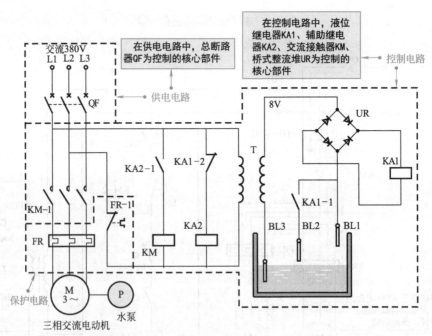

图9-6　带有继电器的电动机供水控制电路

带有继电器的电动机供水控制电路主要由供电电路、保护电路、控制电路和三相交流电动机等构成。

（1）低水位时电动机的运行供水过程

合上总断路器QF，接通三相电源，如图9-7所示，当水位处于电极BL1以下时，各电极之间处于开路状态。

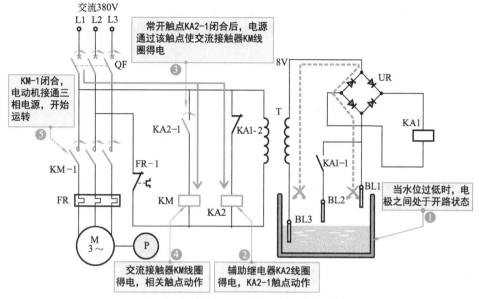

图9-7 低水位时电动机的运行供水过程

辅助继电器KA2线圈得电，相应的触点动作。

由图可知，当辅助继电器KA2线圈得电后，常开触点KA2-1闭合，交流接触器KM线圈得电，常开主触点KM-1闭合，电动机接通三相电源，三相交流电动机带动水泵运转，开始供水。

（2）高水位时电动机的停止供水过程

当水位处于电极BL1以上时，由于水的导电性，各电极之间处于通路状态，如图9-8所示，此时8V交流电压经桥式整流堆UR整流后，为液位继电器KA1线圈供电。

其常开触点KA1-1闭合；常闭触点KA1-2断开，使辅助继电器KA2线圈失电。

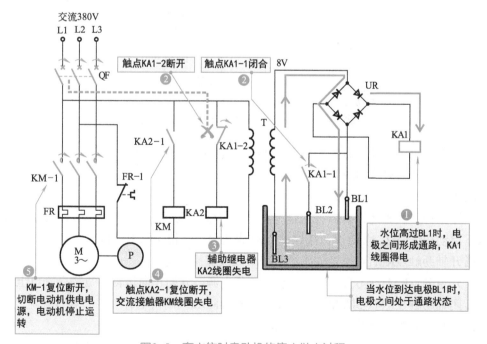

图9-8 高水位时电动机的停止供水过程

辅助继电器KA2线圈失电，常开触点KA2-1复位断开。

交流接触器KM线圈失电，常开主触点KM-1复位断开，电动机切断三相电源，停止运转，供水作业停止。

9.1.4 升降机的自动化控制

货物升降机的自动运行控制电路主要是通过一个控制按钮控制升降机自动在两个高度升降作业（例如两层楼房），即将货物提升到固定高度，等待一段时间后，升降机会自动下降到规定的高度，以便进行下一次提升搬运。

图9-9所示为典型货物升降机的自动运行控制电路。

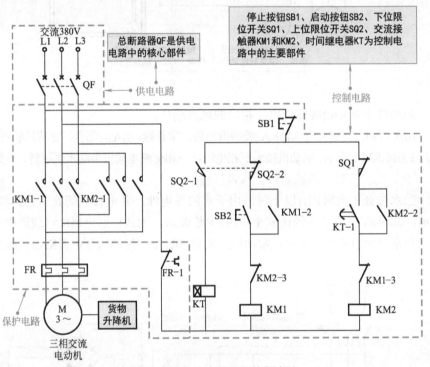

图9-9 典型货物升降机的自动运行控制电路

货物升降机的自动运行控制电路主要由供电电路、保护电路、控制电路、三相交流电动机和货物升降机等构成。

（1）货物升降机的上升过程

若要上升货物升降机时，首先合上总断路器QF，接通三相电源，如图9-10所示。然后按下启动按钮SB2，此时交流接触器KM1线圈得电，相应触点动作：

常开辅助触点KM1-2闭合自锁，使KM1线圈保持得电；

常开主触点KM1-1闭合，电动机接通三相电源，开始正向运转，货物升降机上升；

常闭辅助触点KM1-3断开，防止交流接触器KM2线圈得电。

（2）货物升降机上升至SQ2时的停机过程

当货物升降机上升到规定高度时，上位限位开关SQ2动作（即SQ2-1闭合，SQ2-2断

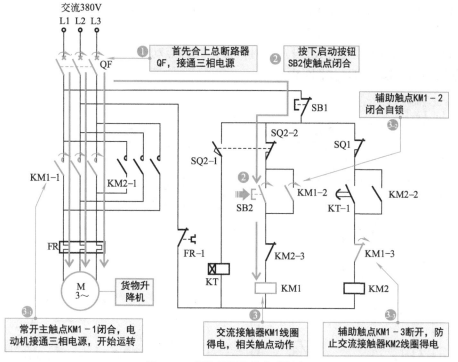

图9-10 货物升降机的上升过程

开），如图9-11所示。

常开触点SQ2-1闭合，时间继电器KT线圈得电，进入定时计时状态。

常闭触点SQ2-2断开，交流接触器KM1线圈失电，触点全部复位。

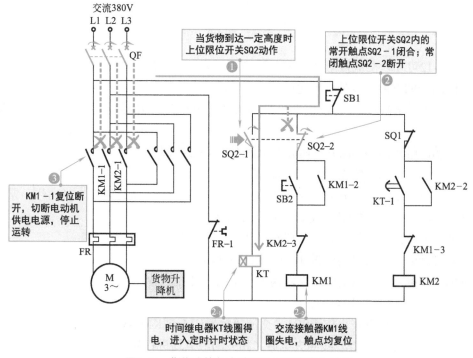

图9-11 货物升降机上升至SQ2时的停机过程

常开主触点KM1-1复位断开，切断电动机供电电源，停止运转。

（3）货物升降机的下降过程

当时间达到时间继电器KT设定的时间后，其触点动作，常开触点KT-1闭合，使交流接触器KM2线圈得电，如图9-12所示。

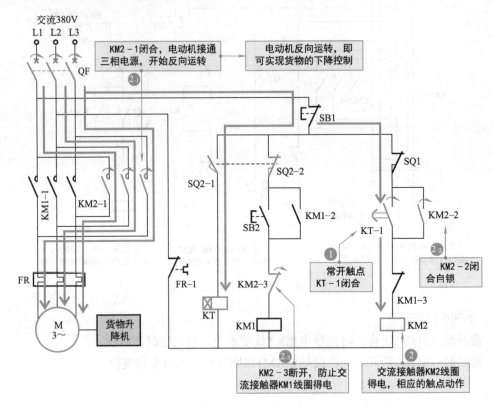

图9-12　货物升降机的下降过程

由图9-12可知，交流接触器KM2线圈得电，常开辅助触点KM2-2闭合自锁，维持交流接触器KM2的线圈一直处于得电的状态。

常开主触点KM2-1闭合，电动机反向接通三相电源，开始反向旋转，货物升降机下降。

常闭辅助触点KM2-3断开，防止交流接触器KM1线圈得电。

（4）货物升降机下降至SQ1时的停机过程

如图9-13所示，货物升降机下降到规定的高度后，下位限位开关SQ1动作，常闭触点断开，此时交流接触器KM2线圈失电，触点全部复位：

常开主触点KM2-1复位断开，切断电动机供电电源，停止运转；

常开辅助触点KM2-2复位断开，解除自锁功能；

常闭辅助触点KM2-3复位闭合，为下一次的上升控制做好准备。

（5）工作时的停机过程

当需停机时，按下停止按钮SB1，交流接触器KM1或KM2线圈失电。

交流接触器KM1和KM2线圈失电后，相关的触点均进行复位：

常开主触点KM1-1或KM2-2复位断开，切断电动机的供电电源，停止运转；

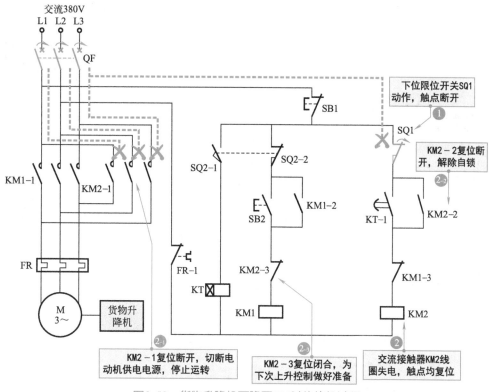

图9-13 货物升降机下降至SQ1时的停机过程

常开辅助触点KM1-2或KM2-2复位断开，解除自锁功能；

常闭辅助触点KM1-3或KM2-3复位闭合，为下一次动作做准备。

9.2

农机设备的自动化控制

9.2.1 农机电气控制电路的特点

农业电气设备是指使用在农业生产中的设备，例如排灌设备、农产品加工设备、养殖和畜牧设备等，农业电气设备由很多控制器件、功能部件、连接部件组成，根据选用部件种类和数量的不同以及对不同器件间的不同组合连接方式，便可以实现不同的功能。图9-14所示为典型的农机电气控制电路（农业抽水设备的控制电路）。

典型农业电气设备的电气控制电路主要是由电源开关（QS）、熔断器（FU）、启动按钮（SB）、停止按钮（SB）、交流接触器（KM）、过热保护继电器（FR）、照明灯（EL）、水泵电动机（三相交流电动机）等部件构成，根据该电气控制电路图通过连接导线将相关的部件进行连接后，即构成了农业电气设备的电气控制电路，如图9-15所示。

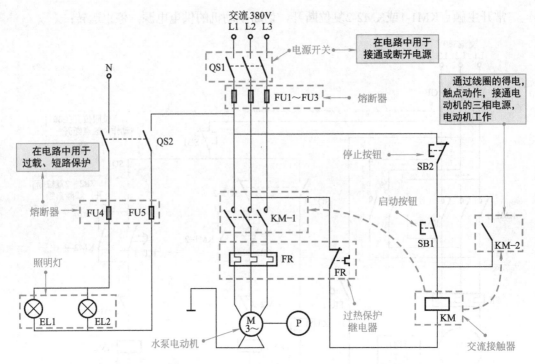

图9-14 典型的农机电气控制电路（农业抽水设备的控制电路）

9.2.2 农机电气控制电路的控制过程

农机电气设备是依靠启动按钮、停止按钮、交流接触器、电动机等对相应的设备进行控制，从而实现相应的功能。图9-16为典型农机设备的电气控制电路。该电路主要是由供电电路、保护电路、控制电路、照明电路及水泵电动机等部分构成的。

（1）水泵电动机的启动过程

当需要启动水泵电动机时，应先合上电源总开关QS1，接通三相电源，如图9-17所示，然后按下启动按钮SB1，使触点闭合，此时交流接触器KM线圈得电。

交流接触器KM线圈得电，常开辅助触点KM-2闭合自锁。

常开主触点KM-1闭合，电动机接通三相电源，启动运转，带动水泵电动机开始工作，完成水泵电动机的启动过程。

（2）水泵电动机的停机过程

需要停机时，可按下停止按钮SB2，使停止按钮内部的触点断开，切断供电电路的电源，此时交流接触器KM线圈失电，常开辅助触点KM-2复位断开，解除自锁。

常开主触点KM-1复位闭合，切断电动机供电电源，停止运转。

（3）照明灯的控制过程

在对该电路中的电气设备进行控制的同时，若需要照明，可以合上电源开关QS2，照明灯EL1、EL2接通电源，开始点亮；若不需要照明，可关闭电源开关QS2，使照明灯熄灭。

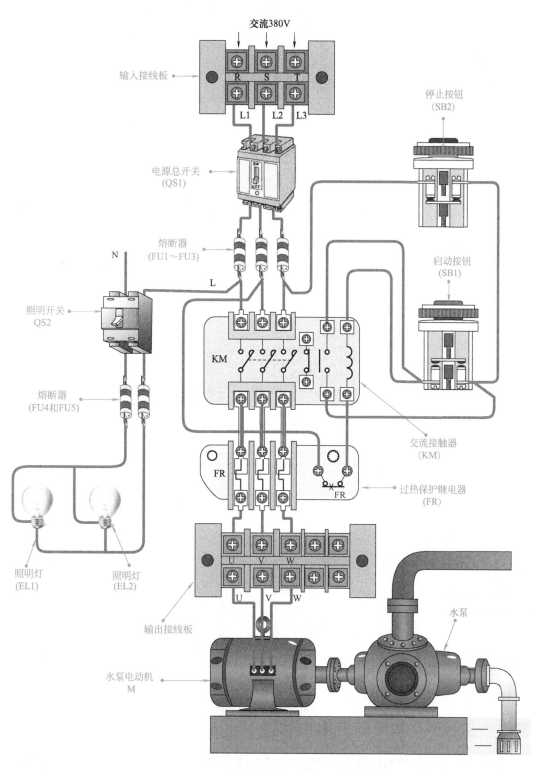

交流380V

输入接线板

停止按钮
(SB2)

电源总开关
(QS1)

启动按钮
(SB1)

熔断器
(FU1～FU3)

N

L

照明开关
QS2

KM

交流接触器
(KM)

熔断器
(FU4和FU5)

FR

FR

过热保护继电器
(FR)

照明灯
(EL1)

照明灯
(EL2)

输出接线板

水泵

水泵电动机
M

图9-15 典型农业抽水设备控制电路的主要部件及实物连接

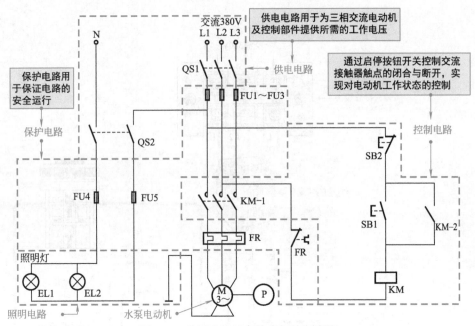

图9-16　典型农机设备的电气控制电路

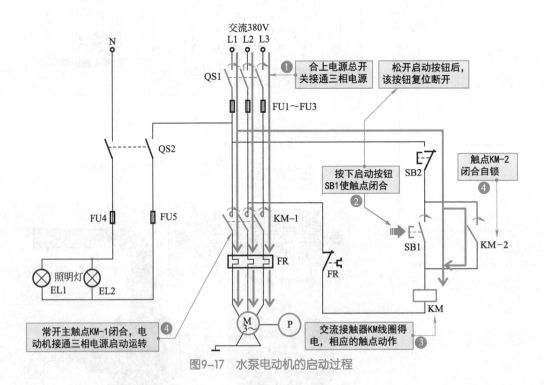

图9-17　水泵电动机的启动过程

9.2.3　禽蛋孵化设备的自动化控制

禽蛋孵化恒温箱控制电路是指控制恒温箱内的温度保持恒定温度值，当恒温箱内的温度降低时，自动启动加热器进行加热工作。

当恒温箱内的温度达到预定的温度时，自动停止加热器工作，从而保证恒温箱内温度的恒定。

图9-18所示为典型禽蛋孵化恒温箱控制电路。该电路主要由供电电路、温度控制电路和加热器控制电路等构成。其中，电源变压器T、桥式整流堆VD1～VD4、滤波电容器C、稳压二极管VS、温度传感器集成电路IC1、电位器RP、晶体三极管VT、继电器K、加热器EE等为禽蛋孵化恒温箱温度控制的核心部件。

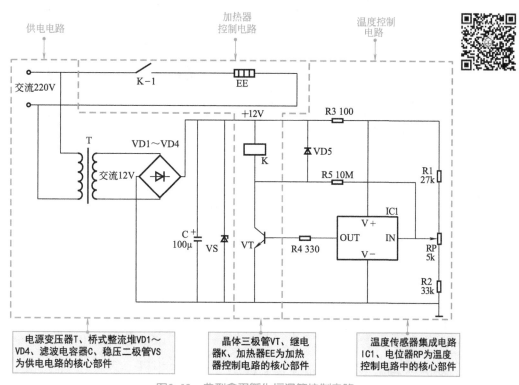

图9-18　典型禽蛋孵化恒温箱控制电路

📖 **提示说明**

IC1是一种温度检测传感器与接口电路集于一体的集成电路，IN（输入）端为启控温度设定端。当IC1检测的环境温度达到设定启控温度时OUT（输出）端输出高电平，起到控制的作用。

（1）禽蛋孵化恒温箱的加热过程

在对禽蛋孵化恒温箱进行加热控制时，应先通过电位器RP预先调节好禽蛋孵化恒温箱内的温控值。

然后接通电源，如图9-19所示，交流220V电压经电源变压器T降压后，由次级输出交流12V电压，交流12V电压经桥式整流堆VD1～VD4整流、滤波电容器C滤波、稳压二极管VS稳压后，输出＋12V直流电压，为温度控制电路供电。

如图9-20所示，当禽蛋孵化恒温箱内的温度低于电位器RP预先设定的温控值时，温度传感器集成电路IC1的OUT端输出高电平，晶体三极管VT导通。此时，继电器K线圈得电。常开触点K-1闭合，接通加热器EE的供电电源，加热器EE开始加热工作。

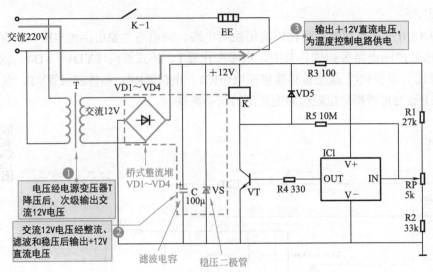

图9-19 禽蛋孵化恒温箱的供电过程

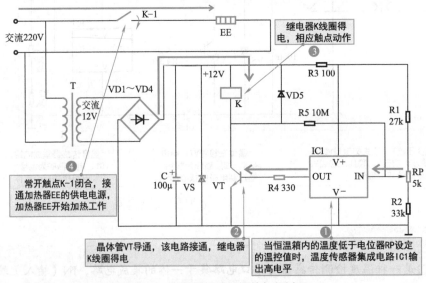

图9-20 禽蛋孵化恒温箱的加热过程

（2）禽蛋孵化恒温箱的停止加热过程

当禽蛋孵化恒温箱内的温度上升至电位器RP预先设定的温控值时，温度传感器集成电路IC1的OUT端输出低电平。此时晶体三极管VT截止，继电器K线圈失电。常开触点

📖 **提示说明**

加热器停止加热一段时间后，禽蛋孵化恒温箱内的温度缓慢下降，当禽蛋孵化恒温箱内的温度再次低于电位器RP预先设定的温控值时，温度传感器集成电路IC1的OUT端再次输出高电平，晶体三极管VT再次导通，继电器K线圈再次得电；常开触点K-1闭合，再次接通加热器EE的供电电源，加热器EE开始加热工作。

如此反复循环，保证禽蛋孵化恒温箱内的温度恒定。

K-1复位断开，切断加热器EE的供电电源，加热器EE停止加热工作。

9.2.4 养殖设备的自动化控制

养殖孵化室湿度控制电路是指控制孵化室内的湿度需要维持在一定范围内：当孵化室内的湿度低于设定的湿度时，应自动启动加湿器进行加湿工作；当孵化室内的湿度达到设定的湿度时，应自动停止加湿器工作，从而保证孵化室内湿度保持在一定范围内。

图9-21所示为典型禽类养殖孵化室湿度控制电路。该电路主要是由供电电路、湿度检测电路、湿度控制电路等构成。

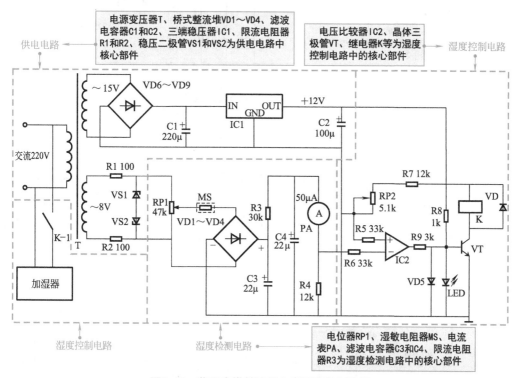

图9-21 典型禽类养殖孵化室湿度控制电路

（1）禽类养殖孵化室的加湿过程

在增加孵化室的湿度前，应先接通电源，如图9-22所示，交流220V电压经电源变压器T降压后，由次级分别输出交流15 V、8V电压。

其中，交流15V电压经桥式整流堆VD6～VD9整流、滤波电容器C1滤波、三端稳压器IC1稳压后，输出＋12 V直流电压，为湿度控制电路供电，指示灯LED点亮。

交流8V经限流电阻器R1、R2限流，稳压二极管VS1、VS2稳压后输出交流电压，经电位器RP1调整取样，湿敏电阻器MS降压，桥式整流堆VD1～VD4整流、限流电阻器R3限流，滤波电容器C3、C4滤波后，加到电流表PA上。

各供电电压准备好后，如图9-23所示，当禽类养殖孵化室内的环境湿度较低时，湿敏电阻器MS的阻值变大，桥式整流堆输出电压减小（流过电流表PA上的电流变小，进而流过电阻器R4的电流也变小）。

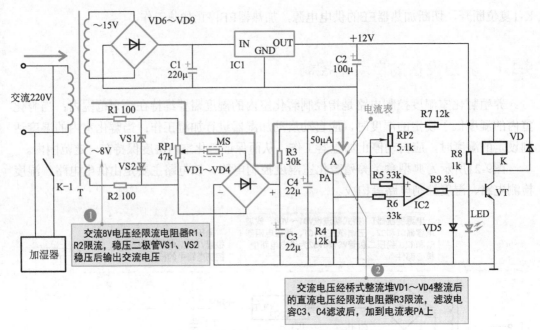

图9-22 禽类养殖孵化室湿度检测电路的供电过程

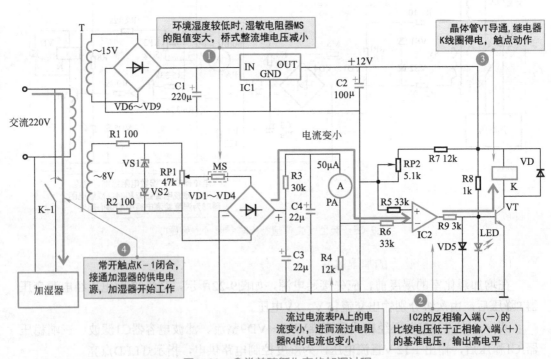

图9-23 禽类养殖孵化室的加湿过程

　　此时电压比较器IC2的反相输入端（－）的比较电压低于正相输入端（＋）的基准电压，因此电压比较器IC2的输出端输出高电平，晶体三极管VT导通，继电器K线圈得电，相应的触点动作：常开触点K-1闭合，接通加湿器的供电电源，加湿器开始加湿工作。

　　（2）禽类养殖孵化室的停止加湿过程

　　当禽类养殖孵化室内的环境湿度逐渐增高时，湿敏电阻器MS的阻值逐渐变小，整流电路输出电压升高（流过电流表PA上的电流逐渐变大，进而流过电阻器R4的电流也逐渐变大），此时电压比较器IC2的反相输入端（－）的比较电压也逐渐变大，如图9-24所示。

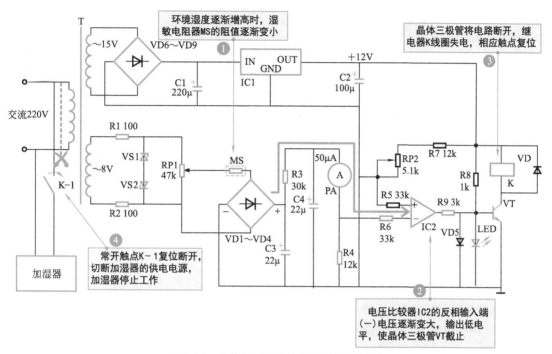

图9-24 禽类养殖孵化室的停止加湿过程

由图9-24可知，当禽类养殖孵化室内的环境湿度达到设定的湿度时，电压比较器IC2的反相输入端（－）的比较电压要高于正相输入端（＋）的基准电压，因此电压比较器IC2的输出端输出低电平，使晶体三极管VT截止，从而继电器K线圈失电，相应的触点复位。

常开触点K-1复位断开，切断加湿器的供电电源，加湿器停止加湿工作。

（3）禽类养殖孵化室的再次加湿过程

孵化室的湿度随着加温器的停止逐渐降低时，温敏电阻器MS的阻值逐渐变大，流过电流表PA上的电流就逐渐变小，进而流过电阻器R4的电流也逐渐变小，如图9-25所示，此时电压比较器IC2的反相输入端（－）的比较电压也逐渐减小。

当禽类养殖孵化室内的环境湿度不能达到设定的湿度时，电压比较器IC2的反相输入端（－）的比较电压再次低于正相输入端（＋）的基准电压，因此电压比较器IC2的输出端再次输出高电平，晶体三极管VT再次导通，继电器K线圈再次得电，相应触点动作：常开触点K-1闭合，再次接通加湿器的供电电源，加湿器开始工作。

如此反复循环，保证禽类养殖孵化室内的湿度保持在一定范围内。

9.2.5 排灌设备的自动化控制

排灌自动控制电路是指在进行农田灌溉时能够根据排灌渠中水位的高低自动控制排灌电动机的启动和停机，从而防止排灌渠中无水而排灌电动机仍然工作的现象，进而起

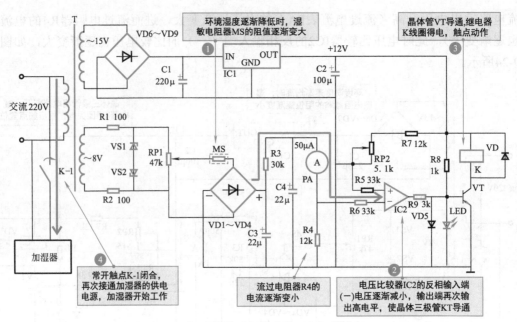

图9-25 禽类养殖孵化室的再次加湿过程

到保护排灌电动机的作用。

图9-26所示为典型农田排灌自动控制电路。该电路主要由供电电路、保护电路、检测电路、控制电路和三相交流电动机（排灌电动机）等构成。

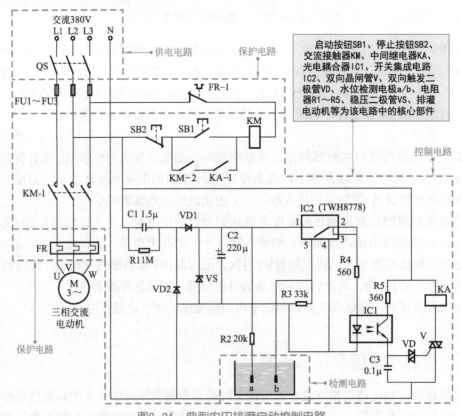

图9-26 典型农田排灌自动控制电路

（1）农田排灌电动机的启动过程

合上电源总开关QS，接通三相电源，如图9-27所示，相线L2与零线N间的交流220V电压经电阻器R1和电容器C1降压，整流二极管VD1、VD2整流，稳压二极管VS稳压，滤波电容器C2滤波后，输出＋9V直流电压。

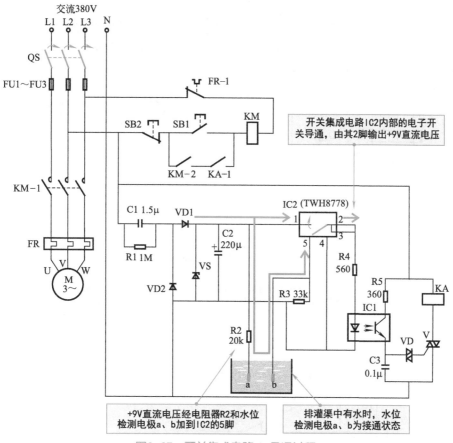

图9-27　开关集成电路IC2导通过程

该电路中的供电电压准备好后，当排灌渠中有水时，＋9V直流电压一路直接加到开关集成电路IC2的1脚，另一路经电阻器R2和水位检测电极a、b加到IC2的5脚，此时开关集成电路IC2内部的电子开关导通，由其2脚输出＋9V电压。

如图9-28所示，开关集成电路IC2的2脚输出的＋9V电压经电阻器R4加到光电耦合器IC1的发光二极管上。

光电耦合器IC1的发光二极管导通发光后照射到光敏三极管上，光敏三极管导通，并由发射极发出触发信号触发双向触发二极管VD导通，进而触发双向晶闸管V导通。

双向晶闸管V导通后，中间继电器KA线圈得电，相应的触点动作：常开触点KA-1闭合，为交流接触器KM线圈得电实现自锁功能做好准备。

如图9-29所示，按下启动按钮SB1后，触点闭合，交流接触器KM线圈得电，相应触点动作：

常开辅助触点KM-2闭合，与中间继电器KA闭合的常开触点KA-1组合，实现自锁功能；常开主触点KM-1闭合，排灌电动机接通三相电源，启动运转。

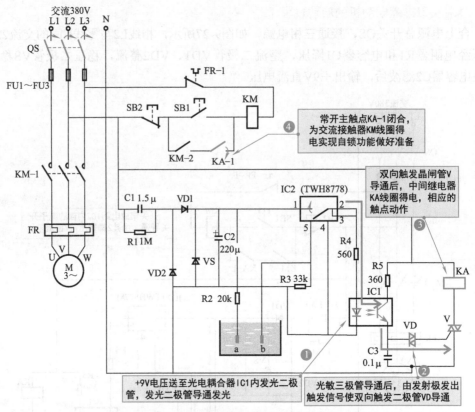

图9-28 中间继电器KA线圈得电及触点动作过程

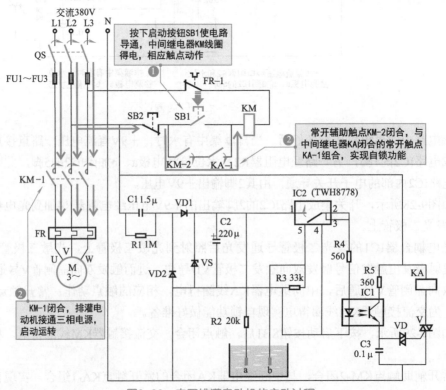

图9-29 农田排灌电动机的启动过程

排灌电动机运转后，带动排水泵进行抽水，来对农田进行灌溉作业。

（2）农田排灌电动机的自动停机过程

当排水泵抽出水进行农田灌溉后，排水渠中的水位逐渐降低，水位降至最低时，水位检测电极a与电极b由于无水而处于开路状态，断开电路，此时，开关集成电路IC2内部的电子开关复位断开。

光电耦合器IC1、双向触发二极管VD、双向晶闸管V均截止，中间继电器KA线圈失电。

中间继电器KA线圈失电后，常开触点KA-1复位断开，切断交流接触器KM的自锁功能，交流接触器KM线圈失电，相应的触点复位：

常开辅助触点KM-2复位断开，解除自锁功能；

常开主触点KM-1复位断开，切断排灌电动机的供电电源，排灌电动机停止运转。

（3）农田排灌电动机的手动停机过程

在对该电气设备进行控制的过程中，若需要手动对排灌电动机停止运转时，可按下停止按钮SB2，切断供电电源，停止按钮SB2触点断开后，交流接触器KM线圈失电，相应的触点均复位：

常开辅助触点KM-2复位断开，解除自锁功能；

常开主触点KM-1复位断开，切断排灌电动机的供电电源，排灌电动机停止运转。

第❿章

变频器与变频控制

10.1

变频器

10.1.1 变频器的功能特点

变频器的英文名称VFD或VVVF，是一种集启停控制、变频调速、显示及按键设置功能、保护功能等于一体的电动机控制装置，主要用于需要调整转速的设备中，既可以改变输出的电压，又可以改变频率（即可改变电动机的转速）。

图10-1所示为变频器的功能原理。从图中可以看到，变频器用于将频率一定的交流电源，转换为频率可变的交流电源，从而实现对电动机的启动及对转速进行控制。

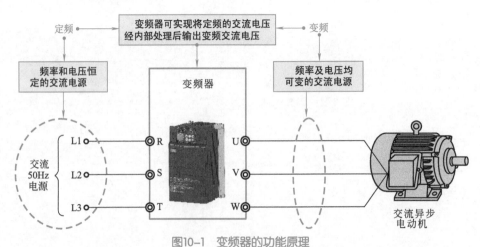

图10-1 变频器的功能原理

（1）变频器的启停控制功能

变频器收到启动和停止指令后，可根据预先设定的启动和停车方式控制电动机的启动与停机，其主要的控制功能包含变频启动控制、可受控的加/减速控制、停机及制动控制等功能。

① 变频启动功能　电动机的启动控制方式大致可以分为硬启动方式、软启动方式和变频启动方式。

图10-2所示为电动机的硬启动方式。可以看到，电源经开关直接为电动机供电，由于电动机处于停机状态，为了克服电动机转子的惯性，绕组中的电流很大，在大电流作用下，电动机转速迅速上升，在短时间内（小于1s）到达额定转速，在转速为N_K时转矩最大。这种情况转速不可调，其启动电流为运行电流的6～7倍，因而启动时电流冲击很大，对机械设备和电气设备都有较大的冲击。

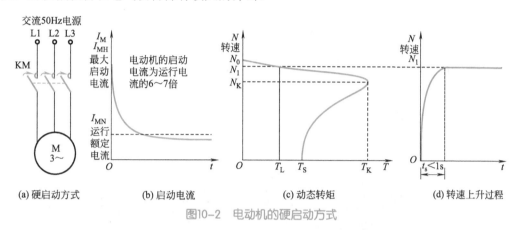

图10-2　电动机的硬启动方式

图10-3所示为电动机的软启动方式。可以看到，在软启动方式中，由于采用了降压启动方式，使加给电动机的电压缓慢上升，延长了电动机从停机到额定转速的时间，因而启动电流比硬启动方式时的冲击电流减小2～3倍。正常运行状态时的电流与硬启动方式相同。

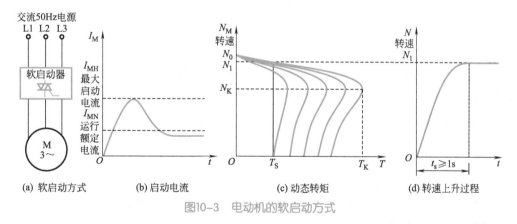

图10-3　电动机的软启动方式

图10-4所示为电动机的变频启动方式。可以看到，在变频启动方式中，由于采用的是降压和降频的启动方式，使电动机启动的过程为线性上升过程，因而启动电流只有额定电流的1.2～1.5倍，对电动机等电气设备几乎无冲击作用，而且进入运行状态后会随负载的变化改变频率和电压，从而使转矩随之变化，达到节省能源的最佳效果，这也是变频驱动方式的优点。

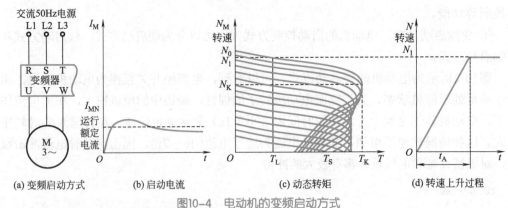

(a) 变频启动方式　　(b) 启动电流　　　　(c) 动态转矩　　　　(d) 转速上升过程

图10-4　电动机的变频启动方式

变频器的启动频率可在启动之前进行设定，变频器可实现其输出由零直接变化为启动频率对应的交流电压，然后按照其内部加速曲线逐步提高输出频率和输出电压直到设定频率，如图10-5所示。

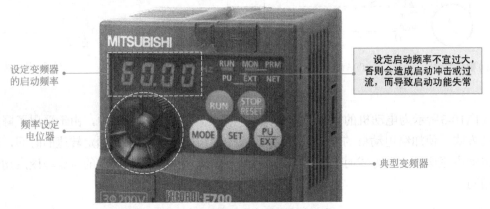

图10-5　变频器中启动频率的设定

② 可受控的加/减速功能　　在使用变频器对电动机进行控制时，变频器输出的频率和电压可从低频低压加速至额定的频率和额定的电压，或从额定的频率和额定的电压减速至低频低压，而加/减速时的快慢可以由用户选择加/减速方式进行设定，即改变上升或下降频率，其基本原则是，在电动机的启动电流允许的条件下，尽可能缩短加/减速时间。

例如，三菱FR-A700通用型变频器的加/减速方式有直线加速、S曲线加/减速A型、S曲线加/减速B型和齿隙补偿方式四种，如图10-6所示。

在变频器中经常使用的制动方式有两种，即直流制动、外接制动电阻和制动单元，用来满足不同用户的需要。

◆ **直流制动功能**

变频器的直流制动功能是指当电动机的工作频率下降到一定的范围时，变频器向电动机的绕组间接入直流电压，从而使电动机迅速停止转动。在直流制动功能中，用户需对变频器的直流制动电压、直流制动时间以及直流制动起始频率等参数进行设置。

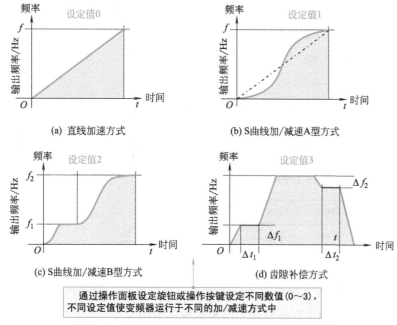

(a) 直线加速方式 (b) S曲线加/减速A型方式

(c) S曲线加/减速B型方式 (d) 齿隙补偿方式

通过操作面板设定旋钮或操作按键设定不同数值(0～3),
不同设定值使变频器运行于不同的加/减速方式中

图10-6 三菱FR-A700通用型变频器的加/减速方式

◆ **外接制动电阻和制动单元**

当变频器输出频率下降过快时,电动机将产生回馈制动电流,使直流电压上升,可能会损坏变频器。此时为回馈电路中加入制动电阻和制动单元,将直流回路中的能量消耗掉,以便保护变频器并实现制动。

（2）变频器的变频调速功能

变频器的变频调速功能是其最基本的功能,也是其明显区别于软启动器等控制装置的地方。

通常,交流电动机转速的计算公式为

$$n_1 = \frac{60 f_1}{p} \tag{10-1}$$

式中,n_1为电动机转速;f_1为电源频率;p为电动机磁极对数（由电动机内部结构决定）。可以看到,电动机的转速与电源频率成正比。

在普通电动机供电及控制线路中,电动机直接由工频电源（50 Hz）供电,即其供电电源的频率f_1是恒定不变的,例如,当交流电动机磁极对数$p=2$时,其在工频电源下的转速为

$$n_1 = \frac{60 f_1}{p} = \frac{60 \times 50}{2} = 1500\text{r / min}$$

而由变频器控制的电动机线路中,变频器可以将工频电源通过一系列的转换使输出频率可变,从而可自动完成电动机的调速控制。目前,多数变频器的调速控制主要有压/频控制方式、转差频率控制方式、矢量控制方式和直接转矩控制方式四种。

① 压/频控制方式 压/频控制方式又称为U/f控制方式,即通过控制逆变电路输出电源频率变化的同时也调节输出电压的大小（即U增大则f增大,U减小则f减小）,从而调节电动机的转速,图10-7所示为典型压/频控制电路框图。

采用该类控制方式的变频器多为通用型变频器，适用于调速范围要求不高的场合，如风机、水泵的调速驱动电路等。

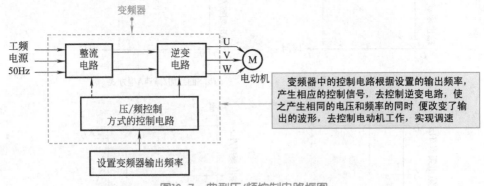

图10-7　典型压/频控制电路框图

② 转差频率控制方式　转差频率控制方式又称为SF控制方式，该方式采用测速装置来检测电动机的旋转速度，然后与设定转速频率进行比较，根据转差频率去控制逆变电路，图10-8所示为转差频率控制方式工作原理示意图。

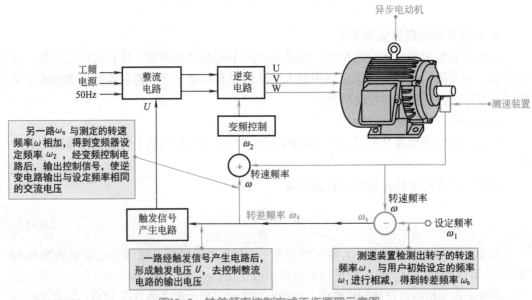

图10-8　转差频率控制方式工作原理示意图

采用该类控制方式的变频器需要测速装置检出电动机转速，因此多为一台变频器控制一台电动机形式，通用性较差，适用于自动控制系统中。

③ 矢量控制方式　矢量控制方式是一种仿照直流电动机的控制特点，将异步电动机的定子电流在理论上分成两部分：产生磁场的电流分量（磁场电流）和与磁场相垂直、产生转矩的电流分量（转矩电流），并分别加以控制。

该类方式的变频器具有低频转矩大、响应快、机械特性好、控制精度高等特点。

④ 直接转矩控制方式　直接转矩控制方式又称为DTC控制，是目前最先进的交流异步电动机控制方式，该方式不是间接地控制电流、磁链等量，而是把转矩直接作为被控

制量来进行变频控制。

目前，该类方式多用于一些大型的变频器设备中，如重载、起重、电力牵引、惯性较大的驱动系统以及电梯等设备中。

10.1.2 变频器的种类

变频器种类很多，其分类方式也是多种多样，按用途可分为通用型变频器和专用型变频器两大类。

（1）通用型变频器

通用型变频器是指通用性较强，对其使用的环境没有严格的要求，以简便的控制方式为主。这种变频器的适用范围广，多用于精确度或调速性能要求不高的通用场合，具有体积小、价格低等特点。

随着通用变频器的发展，目前市场上还出现了许多采用转矩矢量控制方式的高性能多功能变频器，其在软件和硬件方面的改进，除具有普通通用变频器的特点外，还具有较高的转矩控制性能，可使用于传动带、升降装置以及机床、电动车辆等对调速系统性能和功能要求较高的许多场合。

图10-9所示为几种常见通用变频器的实物外形。

(a) 三菱D700型通用变频器　　(b) 安川J1000型通用变频器　　(c) 西门子MM420型通用变频器

图10-9　几种常见通用变频器的实物外形

通用变频器是指在很多方面具有很强通用性的变频器，该类变频器简化了一些系统功能，并以节能为主要目的，多为中小容量变频器，一般应用于水泵、风扇、鼓风机等对于系统调速性能要求不高的场合。

（2）专用型变频器

专用型变频器通常指专门针对某一方面或某一领域而设计研发的变频器。该类变频器针对性较强，具有适用于所针对领域独有的功能和优势，从而能够更好地发挥变频调速的作用。例如，高性能专用变频器、高频变频器、单相变频器和三相变频器等都属于专业型变频器，它们的针对性较强，对安装环境有特殊的要求，可以实现较高的控制效果，但其价格较高。

图10-10所示为几种常见专用变频器的实物外形。较常见的专用变频器主要有风型专用变频器、恒压供水（水泵）专用变频器、机床类专用变频器、重载专用变频器、注塑

机专用变频器、纺织类专用变频器等。

(a) 西门子MM430型水泵风机专用变频器　(b) 风机专用变频器　(c) 恒压供水(水泵)专用变频器

(d) NVF1G-JR系列卷绕专用变频器　(e) LB-60GX系列线切割专用变频器　(f) 电梯专用变频器

图10-10　几种常见专用变频器的实物外形

10.1.3　变频器的结构

　　变频器是一种利用逆变电路的方式将工频电源（恒频恒压电源）变成频率和电压可变的变频电源，进而对电动机进行调速控制的电气装置。图10-11为典型变频器的实物外形。

 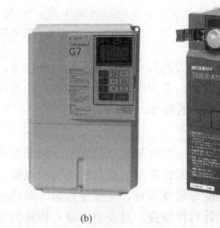 

(a)　　　　　　　　　　(b)　　　　　　　　　　(c)

图10-11　典型变频器的实物外形

　　（1）变频器的外部结构

　　变频器控制对象是电动机，由于电动机的功率或应用场合不同，因而驱动控制用变频器的性能、尺寸、安装环境也会有很大的差别。图10-12所示为典型变频器的外部结构。

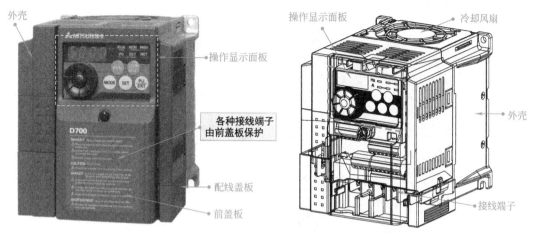

图10-12 典型变频器的外部结构

可以看到，变频器的操作显示面板位于变频器的正面，操作显示面板的下面是开关及各种接线端子。这些接线端子外装有前盖板，起到保护的作用。

在变频器的顶部有一个散热口，冷却风扇安装在变频器内，通过散热口散热。

图10-13为典型变频器的拆解示意图。图中明确标注了各部件的位置关系以及接线端子和开关接口（主电路接线端子、控制接线端子、控制逻辑切换跨接器、PU接口、电流/电压切换开关）的分布。

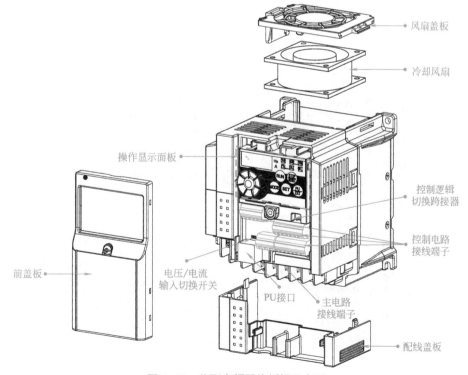

图10-13 典型变频器的拆解示意图

（2）变频器的内部结构

变频器的内部是由构成各种功能电路的电子、电力器件构成的。图10-14所示为典型变频器的内部结构。

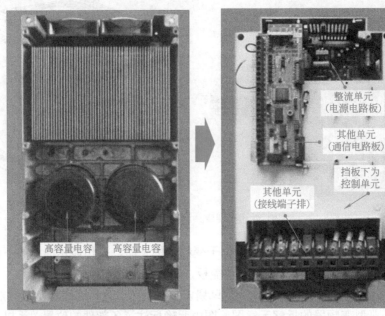

(a) 变频器的后面板视图　　　　　　(b) 变频器的前面板视图

图10-14　典型变频器的内部结构

如图10-15所示，变频器内部主要是由整流单元（电源电路板）、控制单元（控制电路板）、其他单元（通信电路板）、高容量电容、电流互感器等部分构成的。

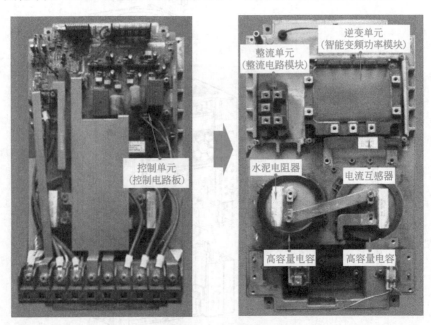

图10-15　典型变频器内部的单元模块

10.2

变频控制技术

10.2.1 变频技术的特点

为了克服上述定频控制中的缺点，提高效率，电气技术人员研发出通过改变电动机供电频率的方式来达到电动机转速控制的目的，这就是变频技术的"初衷"。

图10-16所示为变频控制的原理示意图。变频技术逐渐发展并得到了广泛应用，即采用变频的驱动方式驱动电动机可以实现宽范围的转速控制，还可以大大提高效率，具有环保节能的特点。

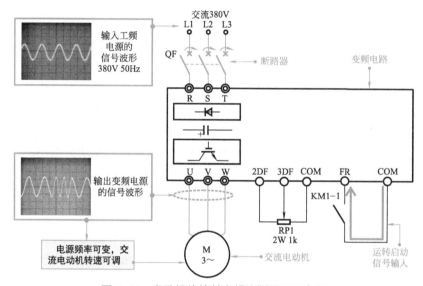

图10-16　电动机的简单变频控制原理示意图

在上述电路中改变电源频率的电路即为变频电路。可以看到，采用变频控制的电动机驱动电路中，恒压恒频的工频电源经变频电路后变成电压、频率都可调的驱动电源，使得电动机绕组中的电流呈线性上升，启动电流小且对电气设备的冲击也降到最低。

> 📖 **提示说明**
>
> 　工频电源，是指工业上用的交流电源，单位为赫兹（Hz）。不同国家、地区的电力工业标准频率各不相同，中国电力工业的标准频率定为50Hz，有些国家或地区（如美国等）则定为60Hz。

10.2.2 变频技术的控制方式

定频与变频两种控制方式中，关键的区别在于控制电路输出交流电压的频率是否可变，图10-17所示为两种控制方式输出电压的波形。

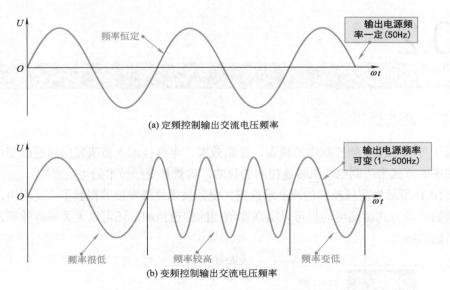

图10-17 定频控制与变频控制中输出电压的波形

目前，多数变频电路在实际工作时，首先在整流电路模块将交流电压整流为直流电压，然后在中间电路模块对直流进行滤波，最后由逆变电路模块将直流电压变为频率可调的交流电压，进而对电动机实现变频控制。

由于逆变电路模块是实现变频的重点电路部分，因此我们从逆变电路的信号处理过程入手即可理解变频的原理。

"变频"的控制主要是通过对逆变电路中电力半导体器件的开关控制，来实现输出电压频率发生变化，进而实现控制电动机转速的目的。

逆变电路由6只半导体晶体管（以IGBT管较为常见）按一定方式连接而成，通过控制6只半导体晶体管的通断状态，实现逆变过程。下面介绍逆变电路实现"变频"的具体工作过程。

（1）U＋和V－两只IGBT管导通

图10-18所示为U＋和V－两只IGBT管导通周期的工作过程。

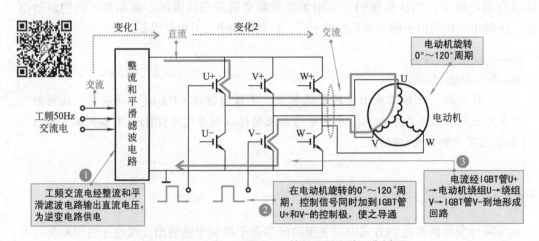

图10-18 U＋和V－两只IGBT管导通周期的工作过程

（2）V＋和W－两只IGBT管导通

图10-19所示为V＋和W－两只IGBT管导通周期的工作过程。

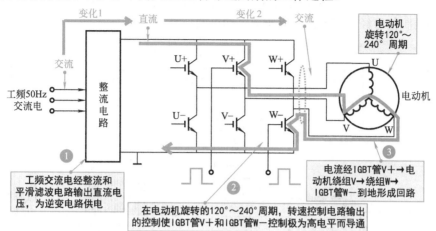

图10–19　V＋和W–两只IGBT管导通周期的工作过程

（3）W＋和U－两只IGBT管导通

图10-20所示为W＋和U–两只IGBT管导通周期的工作过程。

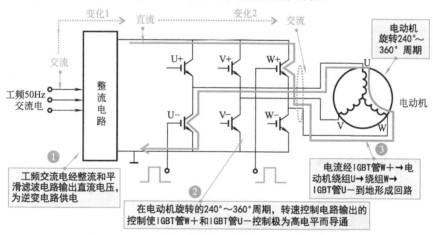

图10–20　W＋和U－两只IGBT管导通周期的工作过程

📖 **提示说明**

　　我们平时使用的交流电都来自国家电网，在我国低压电网的电压和频率统一为380V，50Hz，这是一种规定频率的电源，不可调整，平时也称它为工频电源，因此，如果要想得到电压和频率都能调节的电源，就必须想法"变出来"，这样的电源才能够控制。那么，这里我们"变出来"不可能凭空产生，只能从另一种"能源"变过来，一般这种"能源"就是直流电源。

　　也就是说，需要将不可调、不能控制的交流电源变为直流电源，然后再从直流电源"变出"可调、可控的变频电源。

　　由于变频电路所驱动控制的电动机有直流和交流之分，因此变频电路的控制方式也可以分成直流变频方式和交流变频方式两种。

图10-21所示为采用PWM脉宽调制的直流变频控制电路原理图。直流变频是把交流市电转换为直流电，并送至逆变电路，逆变电路受微处理器指令的控制。微处理器输出转速脉冲控制信号经逆变电路变成驱动电动机的信号。

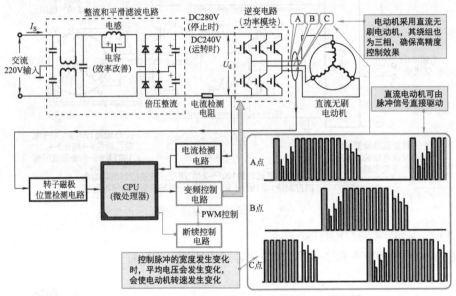

图10-21 典型的直流变频控制电路原理图

图10-22所示为采用PWM脉宽调制的交流变频控制电路原理图。交流变频是把380/220V交流市电转换为直流电源，为逆变电路提供工作电压，逆变电路在变频控制下再将直流电"逆变"成交流电，该交流电再去驱动交流感应电动机，"逆变"的过程受转速控制电路的指令控制，输出频率可变的交流电压，使电动机的转速随电压频率的变化而相应改变，这样就实现了对电动机转速的控制和调节。

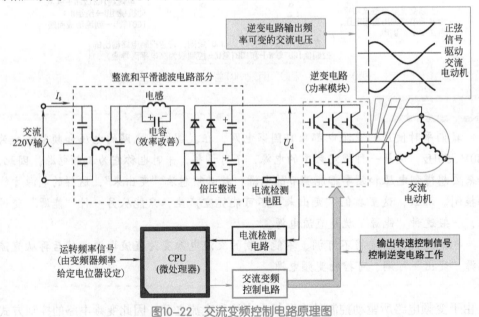

图10-22 交流变频控制电路原理图

10.3

变频控制技术的应用

10.3.1 制冷设备的变频控制

制冷设备中的变频电路不同于传统的驱动电路，它主要是通过改变输出电流的频率和电压，来调节压缩机或水泵中的电动机转速。采用变频电路控制的制冷设备，工作效率更高，更加节约能源。

图10-23所示为海信KFR-4539（5039）LW/BP变频空调器的变频电路，该变频电路主要由控制电路、过流检测电路、变频模块和变频压缩机构成。

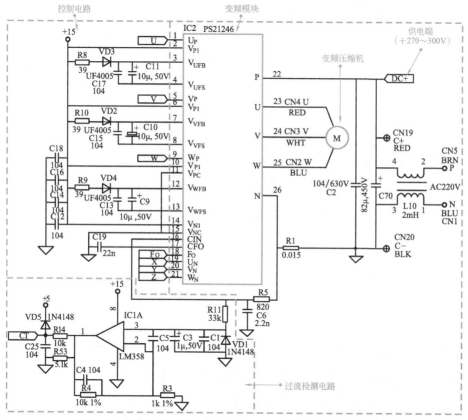

图10-23 海信KFR-4539（5039）LW/BP变频空调器的变频电路

📖 提示说明

图10-24所示为变频模块PS21246的内部结构。该模块内部主要由HVIC1～HVIC3和LVIC 4个逻辑控制电路、6个功率输出IGBT管（门控管）和6个阻尼二极管等部分构成。300V的P端为IGBT管提供电源电压，由供电电路为其中的逻辑控制电路提供＋5V的工作电压。由微处理器为PS21246输入控制信号，经功率模块内部逻辑处理后为IGBT管控制极提供驱动信号，U、V、W端为直流无刷电动机绕组提供驱动电流。变频模块PS21246的引脚功能如表10-1所示。

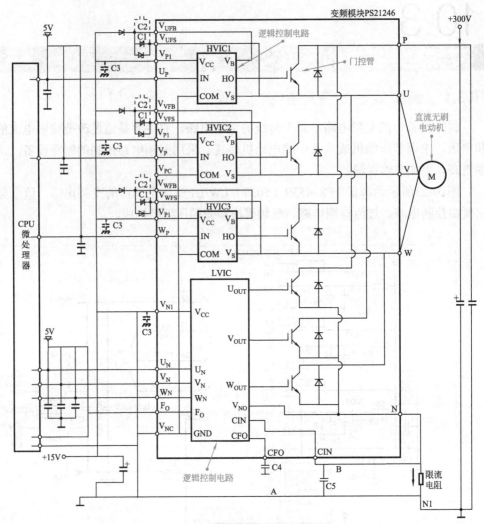

图10-24　变频模块PS21246的内部结构

表10-1　PS21246型变频模块引脚功能

引脚	标识	引脚功能	引脚	标识	引脚功能
1	U_P	功率管U（上）控制	14	V_{N1}	欠压检测端
2	V_{P1}	模块内IC供电＋15V	15	V_{NC}	接地
3	V_{UFB}	U绕组反馈信号输入	16	CIN	过流检测
4	V_{UFS}	U绕组反馈信号	17	CFO	故障输出（滤波端）
5	V_P	功率管V（上）控制	18	F_O	故障检测
6	V_{P1}	模块内IC供电＋15V	19	U_N	功率管U（下）控制
7	V_{VFB}	V绕组反馈信号输入	20	V_N	功率管V（下）控制
8	V_{VFS}	V绕组反馈信号	21	W_N	功率管W（下）控制
9	W_P	功率管W（上）控制	22	P	直流供电端
10	V_{P1}	模块内IC供电＋15V	23	U	接电动机绕组U
11	V_{PC}	接地	24	V	接电动机绕组V
12	V_{WFB}	W绕组反馈信号输入	25	W	接电动机绕组W
13	V_{WFS}	W绕组反馈信号	26	N	直流供电负端

　　图10-25所示为海信KFR-25GW/06BP型变频空调器中的变频电路部分。该变频电路主要由控制电路、变频模块和变频压缩机等构成。

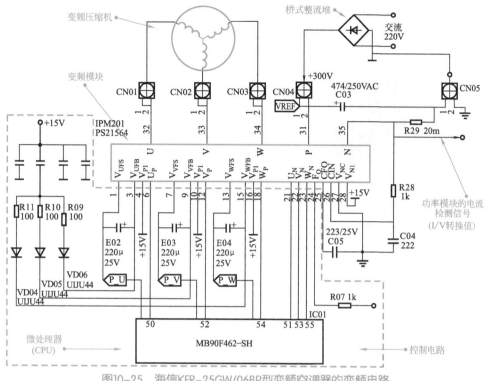

图10-25 海信KFR-25GW/06BP型变频空调器的变频电路

该电路中，变频电路满足供电等工作条件后，由室外机控制电路中的微处理器（MB90F462-SH）为变频模块IPM201/PS21564提供控制信号，经变频模块IPM201/PS21564内部电路的逻辑控制后，为变频压缩机提供变频驱动信号，驱动变频压缩机启动运转，具体工作过程如图10-26所示。

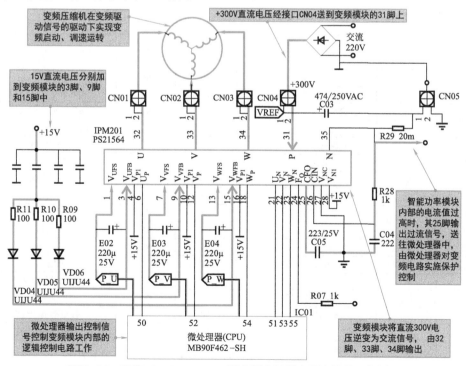

图10-26 海信KFR-25GW/06BP型变频空调器变频电路的工作过程

图10-27所示为上述电路中PS21564型智能功率模块的实物外形、引脚排列及内部结构，其各引脚功能如表10-2所示。

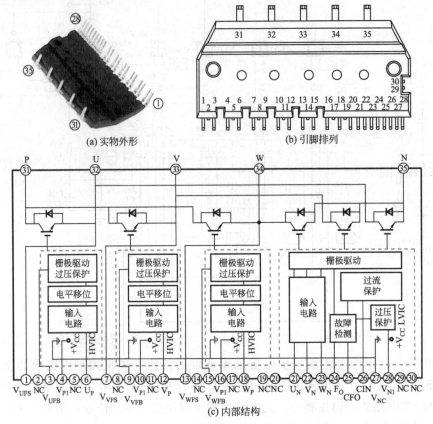

(a) 实物外形　　　　(b) 引脚排列

(c) 内部结构

图10-27　PS21564型智能功率模块的外形结构

表10-2　PS21564型智能功率模块引脚功能

引脚	标识	引脚功能	引脚	标识	引脚功能
1	V_{UFS}	U绕组反馈信号	19	NC	空脚
2	NC	空脚	20	NC	空脚
3	V_{UFB}	U绕组反馈信号输入	21	U_N	功率管U（下）控制
4	V_{P1}	模块内IC供电＋15V	22	V_N	功率管V（下）控制
5	NC	空脚	23	W_N	功率管W（下）控制
6	U_P	功率管U（上）控制	24	F_O	故障检测
7	V_{VFS}	V绕组反馈信号	25	CFO	故障输出（滤波端）
8	NC	空脚	26	CIN	过流检测
9	V_{VFB}	V绕组反馈信号输入	27	V_{NC}	接地
10	V_{P1}	模块内IC供电＋15V	28	V_{N1}	欠压检测端
11	NC	空脚	29	NC	空脚
12	V_P	功率管V（上）控制	30	NC	空脚
13	V_{WFS}	W绕组反馈信号	31	P	直流供电端
14	NC	空脚	32	U	接电动机绕组U
15	V_{WFB}	W绕组反馈信号输入	33	V	接电动机绕组V
16	V_{P1}	模块内IC供电＋15V	34	W	接电动机绕组W
17	NC	空脚	35	N	直流供电负端
18	W_P	功率管W（上）控制			

10.3.2 电动机设备中的变频控制

从控制关系和功能来说，不论控制系统是简单还是复杂，是大还是小，电动机的变频控制系统都可以划分为主电路和控制电路两大部分，图10-28所示为典型电动机变频控制系统的连接关系。

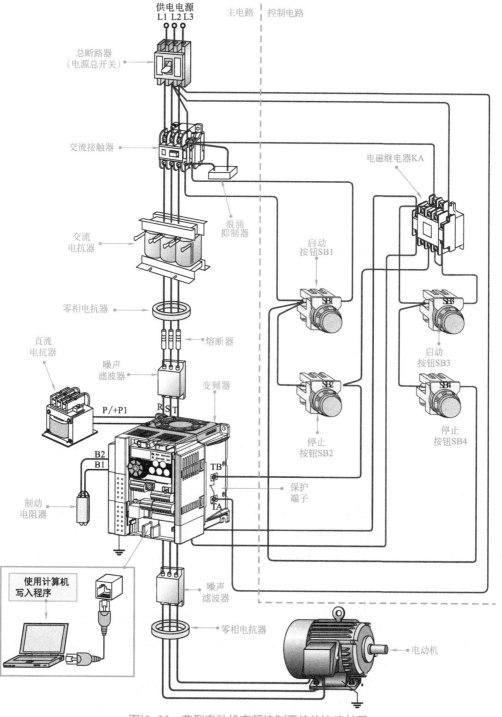

图10-28 典型电动机变频控制系统的连接关系

图10-29所示为典型三相交流电动机的点动/连续运行变频调速控制电路。可以看到，该电路主要是由主电路和控制电路两大部分构成的。

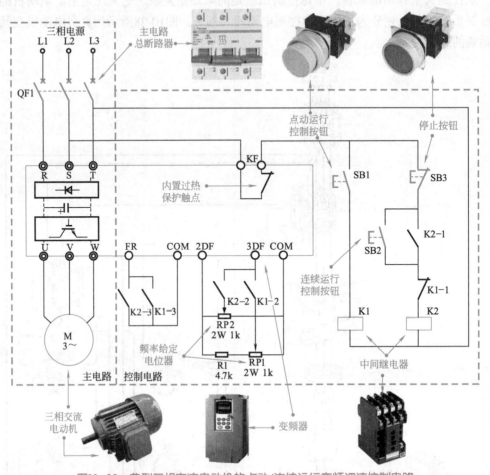

图10-29　典型三相交流电动机的点动/连续运行变频调速控制电路

主电路部分主要包括主电路总断路器QF1、变频器内部的主电路（三相桥式整流电路、中间波电路、逆变电路等部分）、三相交流电动机等。

控制电路部分主要包括控制按钮SB1～SB3、继电器K1和K2、变频器的运行控制端FR、内置过热保护端KF以及三相交流电动机运行电源频率给定电位器RP1和RP2等。

控制按钮用于控制继电器的线圈，从而控制变频器电源的通断，进而控制三相交流电动机的启动和停止；同时继电器触点控制频率给定电位器有效性，通过调整电位器控制三相交流电动机的转速。

（1）点动运行控制过程

图10-30所示为三相交流电动机的点动、连续运行变频调速控制电路的点动运行启动控制过程。合上主电路的总断路器QF1，接通三相电源，变频器主电路输入端R、S、T得电，控制电路部分也接通电源进入准备状态。

当按下点动控制按钮SB1时，继电器K1线圈得电，常闭触点K1-1断开，实现联锁控制，防止继电器K2得电；常开触点K1-2闭合，变频器的3DF端与频率给定电位器RP1及

COM端构成回路，此时RP1电位器有效，调节RP1电位器即可获得三相交流电动机点动运行时需要的工作频率；常开触点K1-3闭合，变频器的FR端经K1-3与COM端接通。

变频器内部主电路开始工作，U、V、W端输出变频电源，电源频率按预置的升速时间上升至与给定对应的数值，三相交流电动机得电启动运行。

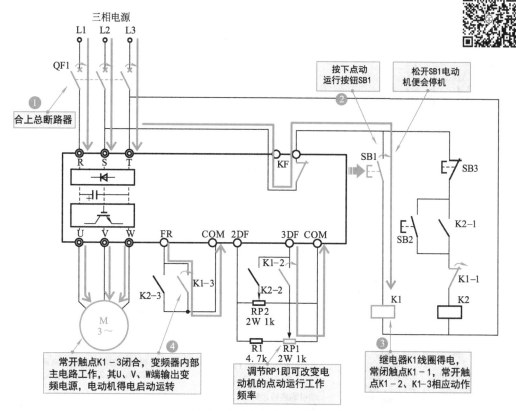

图10-30　点动运行启动控制过程

电动机运行过程中，若松开按钮SB1，则继电器K1线圈失电，常闭触点K1-1复位闭合，为继电器K2工作做好准备；常开触点K1-2复位断开，变频器的3DF端与频率给定电位器RP1触点被切断；常开触点K1-3复位断开，变频器的FR端与COM端断开，变频器内部主电路停止工作，三相交流电动机失电停转。

（2）连续运行控制过程

图10-31所示为三相交流电动机的点动、连续运行变频调速控制电路的连续运行启动控制过程。

当按下连续控制按钮SB2时，继电器K2线圈得电，常开触点K2-1闭合，实现自锁功能（当松开按钮SB2后，继电器K2仍保持得电）；常开触点K2-2闭合，变频器的3DF端与频率给定电位器RP2及COM端构成回路，此时RP2电位器有效，调节RP2电位器即可获得三相交流电动机连续运行时需要的工作频率；常开触点K2-3闭合，变频器的FR端经K2-3与COM端接通。

变频器内部主电路开始工作，U、V、W端输出变频电源，电源频率按预置的升速时间上升至与给定对应的数值，三相交流电动机得电启动运行。

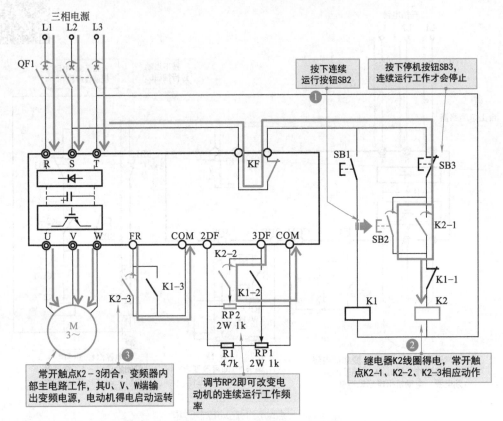

图10-31　连续运行启动控制过程

📖 **提示说明**

变频电路所使用的变频器都具有过热、过载保护功能，若电动机出现过载、过热故障时，变频器内置过热保护触点（KF）便会断开，将切断继电器线圈供电，变频器主电路断电，三相交流电动机停转，起到过热保护的功能。

第 11 章

PLC概述

11.1

PLC的特点

11.1.1　PLC的结构

可编程控制器（PLC），是在继电器、接触器控制和计算机技术的基础上，逐渐发展起来的以微处理器为核心，集微电子技术、自动化技术、计算机技术、通信技术为一体，以工业自动化控制为目标的新型控制装置。图11-1所示为典型PLC的实物外形。

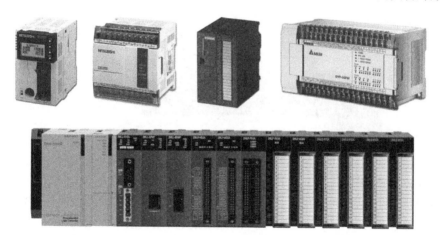

图11-1　典型PLC的实物外形

图11-2所示为典型西门子PLC拆开外壳后的内部结构。PLC内部主要由三块电路板构成，分别是CPU电路板、输入/输出接口电路板和电源电路板。

（1）CPU电路板

CPU电路板主要用于完成PLC的运算、存储和控制功能。图11-3所示为CPU电路板

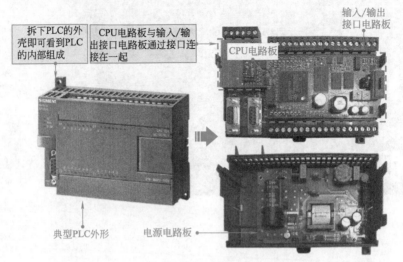

图11-2　典型西门子PLC拆开外壳后的内部结构（西门子S7-200系列PLC）

的结构，可以看到，该电路板上设有微处理器芯片、存储器芯片、PLC状态指示灯、输出LED指示灯、输入LED指示灯、模式选择开关、模拟量调节电位器、电感器、电容器、与输入/输出接口电路板连接的接口等。

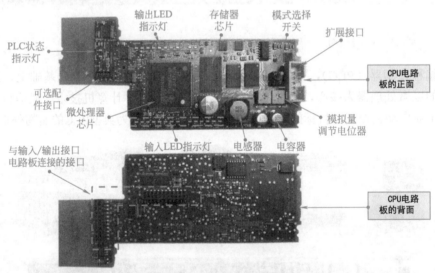

图11-3　CPU电路板的结构

（2）输入/输出接口电路板

输入/输出接口电路板主要用于对PLC输入、输出信号进行处理。图11-4所示为输入/输出接口电路板的结构，可以看到，该电路板主要由输入接口、输出接口、电源输入接口、传感器输出接口、与CPU电路板连接的接口、与电源电路板连接的接口、RS-232/RS-485通信接口、输出继电器、光电耦合器等构成。

（3）电源电路板

电源电路板主要用于为PLC内部各电路提供所需的工作电压。图11-5所示为电源电路板结构，可以看到，该电路板主要由桥式整流堆、压敏电阻器、电容器、变压器、与输入/输出接口电路板连接的接口等构成。

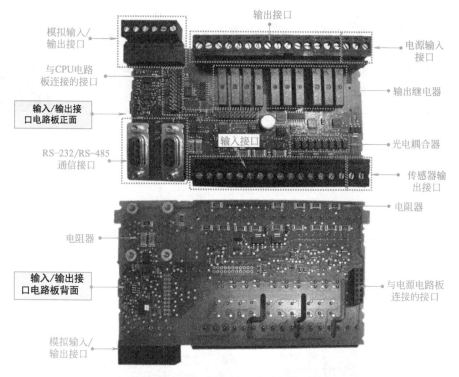

模拟输入/输出接口

与CPU电路板连接的接口

输入/输出接口电路板正面

RS-232/RS-485通信接口

输出接口

电源输入接口

输出继电器

光电耦合器

传感器输出接口

电阻器

电阻器

输入/输出接口电路板背面

与电源电路板连接的接口

模拟输入/输出接口

图11-4　输入/输出接口电路板的结构

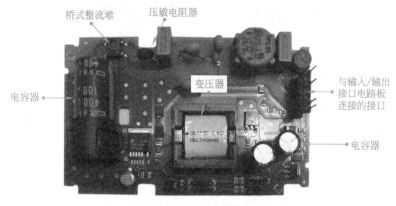

桥式整流堆

压敏电阻器

电容器

变压器

与输入/输出接口电路板连接的接口

电容器

图11-5　电源电路板的结构

11.1.2　西门子PLC

德国西门子（SIEMENS）公司的PLC系列产品在中国的推广较早，在很多的工业生产自动化控制领域，都曾有过经典的应用。从某种意义上说，西门子系列PLC决定了现代可编程控制器发展的方向。

西门子公司为了满足用户的不同要求，推出了多种PLC产品，这里主要以西门子S7类PLC（包括S7-200系列、S7-300系列和S7-400系列）产品为例介绍。

西门子S7类PLC产品主要有PLC主机（CPU模块）、电源模块（PS）、信号扩展模块（SM）、通信模块（CP）、功能模块（FM）、接口模块（IM）等部分，如图11-6所示。

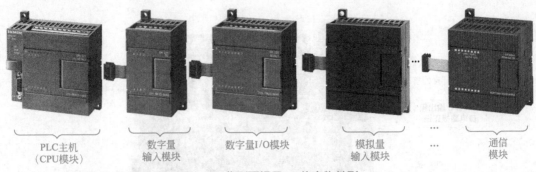

PLC主机 （CPU模块）	数字量 输入模块	数字量I/O模块	模拟量 输入模块	...	通信 模块

图11-6　典型西门子PLC的实物外形

（1）PLC主机

PLC的主机（也称CPU模块）是将CPU、基本输入/输出和电源等集成封装在一个独立、紧凑的设备中，从而构成了一个完整的微型PLC系统。因此，该系列的PLC主机可以单独构成一个独立的控制系统，并实现相应的控制功能。

图11-7所示为几种典型西门子PLC主机的实物外形。

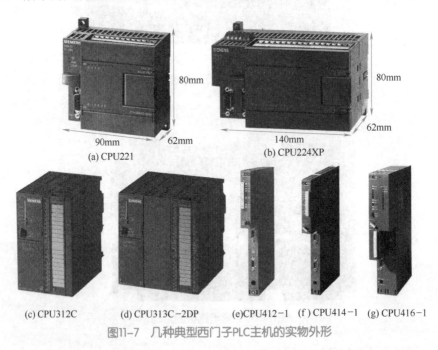

(a) CPU221　　(b) CPU224XP

(c) CPU312C　(d) CPU313C-2DP　(e)CPU412-1　(f) CPU414-1　(g) CPU416-1

图11-7　几种典型西门子PLC主机的实物外形

提示说明

西门子S7-200系列PLC主机的CPU包括多种型号，主要有CPU221、CPU222、CPU224、CPU224XP/CPUXPsi、CPU226等。

西门子S7-300系列PLC常见的CPU型号主要有CPU313、CPU314、CPU315/CPU315-2DP、CPU316-2DP、CPU312IFM、CPU312C、CPU313C、CPU315F等。

西门子S7-400系列PLC常见的CPU型号主要有CPU412-1、CPU413-1/413-2、CPU414-1/414-2DP、CPU416-1等。

（2）电源模块（PS）

电源模块是指由外部为PLC供电的功能单元，在西门子S7-300系列、西门子S7-400系列中比较常见，图11-8所示为几种西门子PLC电源模块实物外形。

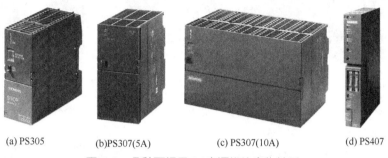

| (a) PS305 | (b)PS307(5A) | (c) PS307(10A) | (d) PS407 |

图11-8　几种西门子PLC电源模块实物外形

📖 **提示说明**

不同型号的PLC所采用的电源模块不相同，西门子S7-300系列PLC采用的电源模块主要有PS305和PS307两种，西门子S7-400系列PLC采用的电源模块主要有PS405和PS407两种。不同类型的电源模块，其供电方式也不相同，可根据产品附带的参数表了解。

（3）信号扩展模块（SM）

各类型的西门子PLC在实际应用中，为了实现更强的控制功能可以采用扩展I/O点的方法扩展其系统配置和控制规模，其中各种扩展用的I/O模块统称为信号扩展模块（SM）。不同类型的PLC所采用的信号扩展模块不同，但基本都包含了数字量扩展模块和模拟量扩展模块两种。

图11-9为典型数字量扩展模块和模拟量扩展模块实物外形。

西门子各系列PLC中除本机集成的数字量I/O端子外，可连接数字量扩展模块（DI/DO）用以扩展更多的数字量I/O端子。

在PLC的数字系统中，不能输入和处理连续的模拟量信号，但在很多自动控制系统所控制的量为模拟量，因此为使PLC的数字系统可以处理更多的模拟量，除本机集成的模拟量I/O端子外，可连接模拟量扩展模块（AI/AO）用以扩展更多的模拟量I/O端子。

（4）通信模块（CP）

西门子PLC有很强的通信功能，除其CPU模块本身集成的通信接口外，还扩展连接通信模块，用以实现PLC与PLC之间、PLC与计算机之间、PLC与其他功能设备之间的通信。

图11-10所示为西门子S7系列常用的通信模块实物外形。不同型号的PLC可扩展不同类型或型号的通信模块，用以实现强大的通信功能。

（5）功能模块（FM）

功能模块（FM）主要用于要求较高的特殊控制任务，西门子PLC中常用的功能模块

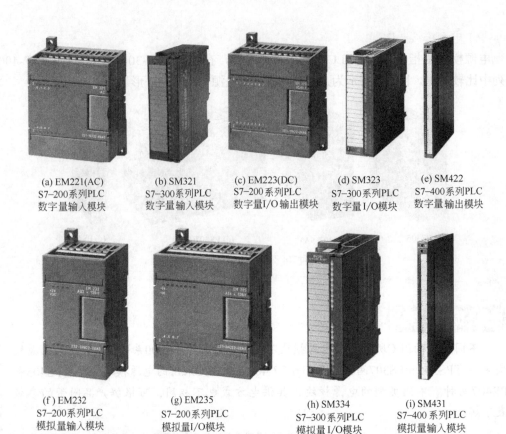

(a) EM221(AC)
S7-200系列PLC
数字量输入模块

(b) SM321
S7-300系列PLC
数字量输入模块

(c) EM223(DC)
S7-200系列PLC
数字量I/O输出模块

(d) SM323
S7-300系列PLC
数字量I/O模块

(e) SM422
S7-400系列PLC
数字量输出模块

(f) EM232
S7-200系列PLC
模拟量输入模块

(g) EM235
S7-200系列PLC
模拟量I/O模块

(h) SM334
S7-300系列PLC
模拟量I/O模块

(i) SM431
S7-400系列PLC
模拟量输入模块

图11-9　典型数字量扩展模块和模拟量扩展模块实物外形

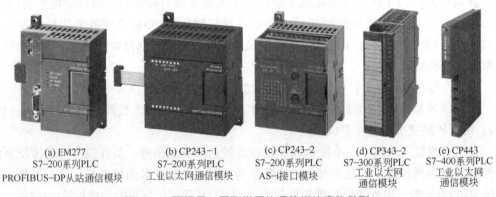

(a) EM277
S7-200系列PLC
PROFIBUS-DP从站通信模块

(b) CP243-1
S7-200系列PLC
工业以太网通信模块

(c) CP243-2
S7-200系列PLC
AS-i接口模块

(d) CP343-2
S7-300系列PLC
工业以太网
通信模块

(e) CP443
S7-400系列PLC
工业以太网
通信模块

图11-10　西门子S7系列常用的通信模块实物外形

主要有计数器模块、进给驱动位置控制模块、步进电动机定位模块、伺服电动机定位模块、定位和连续路径控制模块、闭环控制模块、称重模块、位置输入模块和超声波位置解码器等。

图11-11所示为西门子S7系列常用的功能模块实物外形。

（6）接口模块（IM）

接口模块（IM）用于组成多机架系统时连接主机架（CR）和扩展机架（ER），多应用于西门子S7-300/400系列PLC系统中。

(a) 计数器模块
(FM352)

(b) 伺服电机定位模块
(FM3654)

(c) 定位模块
(FM357)

(d) 闭环控制模块
(FM455S)

(e) 称重模块
(7MH4920)

图11-11　西门子S7系列常用的功能模块实物外形

图11-12所示为西门子S7-300/400系列常用的接口模块实物外形。

(a) IM360
S7-300系列PLC
多机架扩展接口模块

(b) IM361
S7-300系列PLC
多机架扩展接口模块

(c) IM460
S7-400系列PLC
中央机架发送接口模块

图11-12　西门子S7-300/400系列常用的接口模块实物外形

📖 **提示说明**

不同类型的接口模块的功能特点和规格也不相同，各接口模块的特点及规格如表11-1所示。

表11-1　各接口模块的特点及规格

PLC系列及接口模块		特点及应用
S7-300	IM365	专用于S7-300的双机架系统扩展，IM365发送接口模块安装在主机架中；IM365接收模块安装在扩展机架中，两个模块之间通过368连接电缆连接
	IM360 IM361	IM360和IM361接口模块必须配合使用，用于S7-300的多机架系统扩展。其中，IM360必须安装在主机架中；IM361安装在扩展机架中，通过368电缆连接
S7-400	IM460-X 用于中央机架的发送接口模块	IM460-0与IM461-0配合使用，属于集中式扩展，最大距离3m IM460-1与IM461-1配合使用，属于集中式扩展，最大距离1.5m IM460-3与IM461-3配合使用，属于分布式扩展，最大距离100m IM460-4与IM461-4配合使用，属于分布式扩展，最大距离605m
	IM461-X 用于扩展机架的接收接口模块	

（7）其他扩展模块

西门子PLC系统中，除上述基本组成模块和扩展模块外，还有一些其他功能的扩展模块，该类模块一般作为一系列PLC专用的扩展模块。

例如，热电偶或热电阻扩展模块（EM231），该模块是专门与S7-200（CPU224、CPU224XP、CPU226、CPU226XM）PLC匹配使用的，它是一种特殊的模拟量扩展模块，可以直接连接热电偶（TC）或热电阻（RTD）以测量温度。该温度值可通过模拟量通道直接被用户程序访问。

11.1.3　三菱PLC

三菱公司为了满足各行各业不同的控制需求，推出了多种系列型号的PLC，如Q系列、AnS系列、QnA系列、A系列和FX系列等，如图11-13所示。

三菱Q系列PLC　　　　　　三菱QnA系列PLC　　　　　　三菱FX系列PLC

图11-13　三菱各系列型号的PLC

同样，三菱公司为了满足用户的不同要求，也在PLC主机的基础上，推出了多种PLC产品，这里主要以三菱FX系列PLC产品为例进行介绍。

三菱FX系列PLC产品中，除了PLC基本单元（相当于上述PLC主机）外，还包括扩展单元、扩展模块以及特殊功能模块等，这些产品可以结合构成不同的控制系统，如图11-14所示。

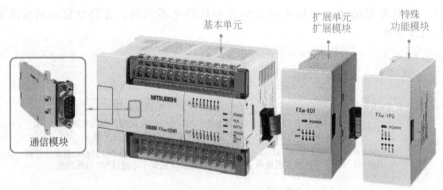

图11-14　三菱FX系列PLC产品

（1）基本单元

三菱PLC的基本单元是PLC的控制核心，也称为主单元，主要由CPU、存储器、输入接口、输出接口及电源等构成，是PLC硬件系统中的必选单元。

图11-15所示为三菱FX$_{2N}$系列PLC的基本单元实物外形。它是FX系列中最为先进的系列，其I/O点数在256点以内。

扩展
接口

FX$_{2N}$基本单元

图11-15 三菱FX$_{2N}$系列PLC的基本单元

📖 **提示说明**

三菱FX$_{2N}$系列PLC的基本单元主要有25种产品类型，每一种类型的基本单元通过I/O扩展单元都可扩展到256个I/O点，根据其电源类型的不同，25种类型的FX$_{2N}$系列PLC基本单元可分为交流电源和直流电源两大类。

（2）扩展单元

扩展单元是一个独立的扩展设备，通常接在PLC基本单元的扩展接口或扩展插槽上，用于增加PLC的I/O点数及供电电流的装置，内部设有电源，但无CPU，因此需要与基本单元同时使用。当扩展组合供电电流总容量不足时，就需在PLC硬件系统中增设扩展单元进行供电电流容量的扩展。图11-16所示为三菱FX$_{2N}$系列PLC的扩展单元。

FX$_{2N}$-32ER
扩展单元

图11-16 三菱FX$_{2N}$系列PLC的扩展单元

三菱FX$_{2N}$系列PLC的扩展单元主要有6种类型，根据其输出类型的不同，6种类型的FX$_{2N}$系列PLC扩展单元可分为继电器输出和晶体管输出两大类。

（3）扩展模块

三菱PLC的扩展模块是用于增加PLC的I/O点数及改变I/O比例的装置，内部无电源和CPU，因此需要与基本单元配合使用，并由基本单元或扩展单元供电，如图11-17所示。

（4）特殊功能模块

特殊功能模块是PLC中的一种专用的扩展模块，如模拟量I/O模块、通信扩展模块、温度控制模块、定位控制模块、高速计数模块、热电偶温度传感器输入模块、凸轮控制模块等。

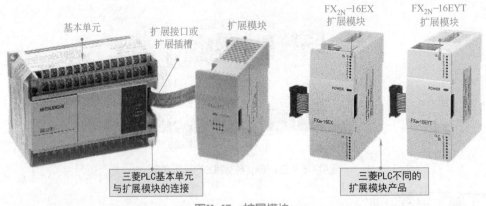

图11-17　扩展模块

图11-18所示为几种特殊功能模块的实物外形。可以根据实际需要有针对性地对某种特殊功能模块产品进行详细了解，这里不再一一介绍。

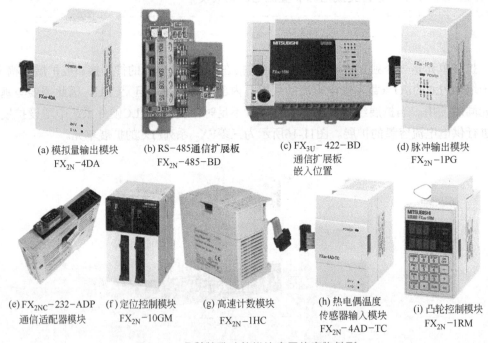

(a) 模拟量输出模块 FX$_{2N}$-4DA	(b) RS-485通信扩展板 FX$_{2N}$-485-BD	(c) FX$_{3U}$-422-BD 通信扩展板 嵌入位置	(d) 脉冲输出模块 FX$_{2N}$-1PG
(e) FX$_{2NC}$-232-ADP 通信适配器模块	(f) 定位控制模块 FX$_{2N}$-10GM	(g) 高速计数模块 FX$_{2N}$-1HC	(h) 热电偶温度 传感器输入模块 FX$_{2N}$-4AD-TC	(i) 凸轮控制模块 FX$_{2N}$-1RM

图11-18　几种特殊功能模块产品的实物外形

11.1.4　松下PLC

松下PLC是目前国内比较常见的PLC产品之一，其功能完善，性价比较高，图11-19所示为松下PLC不同系列产品的实物外形。松下PLC可分为小型FP-X、FP0、FP1、FPΣ、FP-e系列产品，中型FP2、FP2SH、FP3系列，大型EP5系列等。

松下PLC的主要功能特点如下。

①具有超高速处理功能，处理基本指令只需0.32μs，还可快速扫描。

②程序容量大，容量可达到32K步。

③具有广泛的扩展性，I/O最多为300点。还可通过功能扩展插件、扩展FP0适配器，

(a) 松下FP-X系列PLC (b) 松下FP2系列PLC

图11-19 松下系列的PLC实物外形

使扩展范围进一步扩大。

④ 可靠性和安全性保证，8位密码保护和禁止上传功能，可以有效地保护系统程序。

⑤ 通过普通USB电缆线（AB型）即可与计算机实现连接。

⑥ 部分产品具有指令系统，功能十分强大。

⑦ 部分产品采用了可以识别FP-BASIC语言的CPU及多种智能模块，可以设计十分复杂的控制系统。

⑧ FP系列都配置通信机制，并且使用的应用层通信协议具有一致性，可以设计多级PLC网络控制系统。

11.1.5 欧姆龙PLC

日本欧姆龙（OMRON）公司的PLC较早进入中国市场，开发了最大I/O点数在140点以下的微型PLC；最大I/O点数在2048点的C2000H等大型PLC。图11-20所示为欧姆龙PLC系列产品的实物外形，该公司产品被广泛用于自动化系统设计的产品中。

(a) 欧姆龙CPM1A系列PLC(微型) (b) 欧姆龙CP1L系列PLC(小型)

(c) 欧姆龙C200HX/HG/HE系列PLC(中型) (d) 欧姆龙C2000H系列PLC(大型)

图11-20 欧姆龙的PLC产品实物外形

欧姆龙公司对可编程控制器及其软件的开发有自己的特殊风格。例如：C2000H系列大型PLC是将系统存储器、用户存储器、数据存储器和实际的输入输出接口、功能模块等，统一按绝对地址形式组成系统。它把数据存储和电气控制使用的术语合二为一，命名数据区为I/O继电器、内部负载继电器、保持继电器、专用继电器、定时器/计数器。

11.2

PLC技术

11.2.1 PLC的技术特点

图11-21所示为PLC的整机工作原理示意图，可以看到，PLC可以划分成CPU模块、存储器、通信接口、基本I/O接口、电源五部分。

控制及传感部件发出的状态信息和控制指令通过输入接口（I/O接口）送入存储器的工作数据存储器中。在CPU控制器的控制下，这些数据信息会从工作数据存储器中调入CPU的寄存器，与PLC认可的编译程序结合，由运算器进行数据分析、运算和处理。最终，将运算结果或控制指令通过输出接口传送给继电器、电磁阀、指示灯、蜂鸣器、电磁线圈、电动机等外部设备及功能部件。这些外部设备及功能部件即会执行相应的工作。

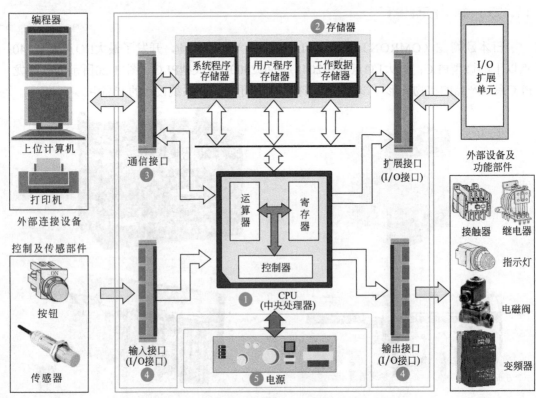

图11-21 PLC的整机工作原理示意图

（1）CPU

CPU（中央处理器）是PLC的控制核心，它主要由控制器、运算器和寄存器三部分构成。通过数据总线、控制总线和地址总线与其内部存储器及I/O接口相连。

CPU的性能决定了PLC的整体性能。不同的PLC配有不同的CPU，其主要作用是接收、存储由编程器输入的用户程序和数据，对用户程序进行检查、校验、编译，并执行用户程序。

（2）存储器

PLC的存储器一般分为系统程序存储器、用户程序存储器和工作数据存储器。其中，系统程序存储器为只读存储器（ROM），用于存储系统程序。系统程序是由PLC制造厂商设计编写的，用户不能直接读写和更改，一般包括系统诊断程序、输入处理程序、编译程序、信息传送程序、监控程序等。

用户程序存储器为随机存储器（RAM），用于存储用户程序。用户程序是用户根据控制要求，按系统程序允许的编程规则，用厂家提供的编程语言编写的程序。

当用户编写的程序存入后，CPU会向存储器发出控制指令，从系统程序存储器中调用解释程序将用户编写的程序进行进一步的编译，使之成为PLC认可的编译程序，如图11-22所示。

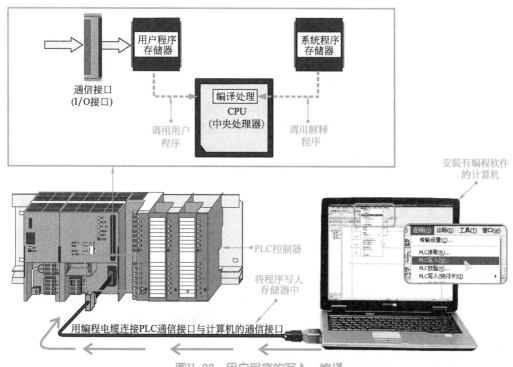

图11-22 用户程序的写入、编译

工作数据存储器也称为随机存储器（RAM），用来存储工作过程中的指令信息和数据。

（3）通信接口

通信接口通过编程电缆与编程设备（计算机）连接或用于PLC与PLC之间连接，如图11-23所示，计算机通过编程电缆对PLC进行编程、调试、监视、试验和记录。

（4）基本I/O接口

基本I/O接口是PLC与外部各设备联系的桥梁，可以分为PLC输入接口和PLC输出接口两种。

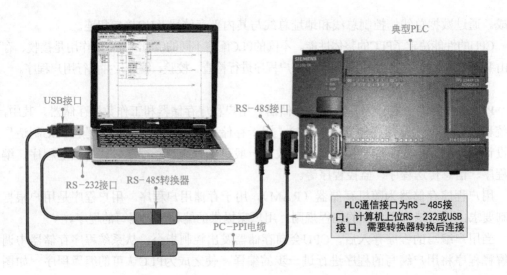

图11-23 PLC通信接口的连接

① 输入接口 输入接口主要为输入信号采集部分，其作用是将被控对象的各种控制信息及操作命令转换成PLC输入信号，然后送给CPU的运算控制电路部分。

PLC的输入接口根据输入端电源类型不同主要有直流输入接口和交流输入接口两种，如图11-24所示，可以看到，PLC外接的各种按钮、操作开关等提供的开关信号作为输入信号经输入接线端子后送至PLC内部接口电路（由电阻器、电容器、发光二极管、光电耦合器等构成），在接口电路部分进行滤波、光电隔离、电平转换等处理，将各种开关信号变为CPU能够接收和处理的标准信号（图中只画出对应于一个输入点的输入电路，各个输入点所对应的输入电路均相同）。

在图11-24（a）中，PLC输入接口电路部分主要由电阻器R1、R2、电容器C、光电耦合器IC、发光二极管LED等构成。其中R1为限流电阻、R2与C构成滤波电路，用于滤除输入信号中的高频干扰；光电耦合器起到光电隔离的作用，防止现场的强电干扰进入PLC中；发光二极管用于显示输入点的状态。

在图11-24（b）中，交流输入电路中，电容器C2用于隔离交流强电中的直流分量，防止强电干扰损坏PLC。另外，光电耦合器内部有两个方向相反的发光二极管，任意一个发光二极管导通都可以使光电耦合器中光敏三极管导通并输出相应信号。状态指示灯也采用了两个反向并联的发光二极管，光电耦合器中任意一只二极管导通都能使状态指示灯点亮（直流输入电路也可以采用该结构，外接直流电源时可不用考虑极性）。

📖 提示说明

PLC输入接口的工作过程如图11-25所示。以图11-25（a）为例，可以看到，当按下PLC外接开关部件（按钮SB1）时，PLC内光电耦合器导通，发光二极管LED点亮，用以指示开关部件SB1处于闭合状态。此时，光电耦合器输出端输出高电平，该高电平信号送至内部电路中。CPU识别该信号时将用户程序中对应的输入继电器触点置1。

相反，当按钮SB1断开时，光电耦合器不导通，发光二极管不亮，CPU识别该信号时将用户程序中对应的输入继电器触点置0。

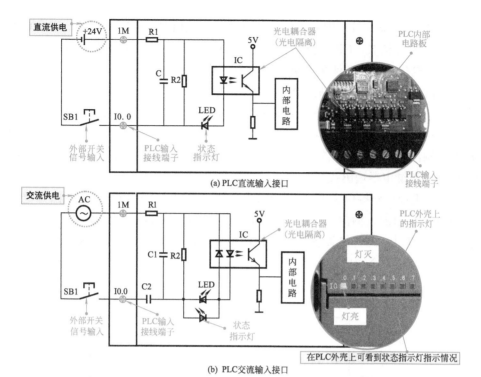

(a) PLC直流输入接口

(b) PLC交流输入接口

图11-24 PLC的输入接口部分

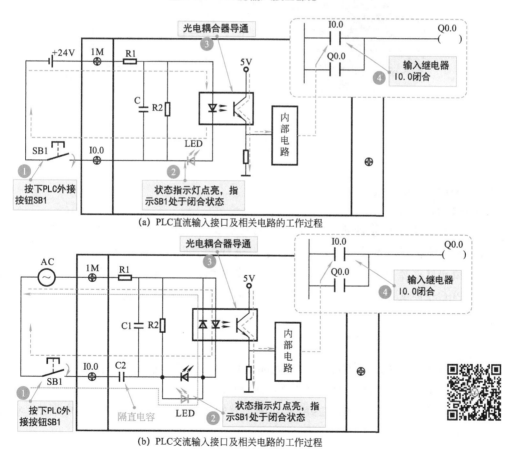

(a) PLC直流输入接口及相关电路的工作过程

(b) PLC交流输入接口及相关电路的工作过程

图11-25 PLC输入接口及相关电路的工作过程

② 输出接口 输出接口即开关量的输出单元，由PLC输出接口电路、连接端子和外部设备及功能部件构成，CPU完成的运算结果由PLC输出接口电路提供给被控负载，用以完成PLC主机与工业设备或生产机械之间的信息交换。

当PLC内部电路输出的控制信号，经输出接口电路（由光电耦合器、晶体管或晶闸管或继电器、电阻器等构成）、PLC输出接线端子后，送至外接的执行部件，用以输出开关量信号，控制外接设备或功能部件的状态。

PLC的输出电路根据输出接口所用开关器件不同，主要有晶体三极管输出接口、晶闸管输出接口和继电器输出接口三种。

a.晶体三极管输出接口。图11-26所示为晶体三极管输出接口，它主要由光电耦合器IC、状态指示灯LED、输出晶体三极管VT、保护二极管VD、熔断器FU等构成。其中，熔断器FU用于防止PLC外接设备或功能部件短路时损坏PLC（图中只画出对应于一个输出点的输出接口，各个输出点所对应的输出接口均相同）。

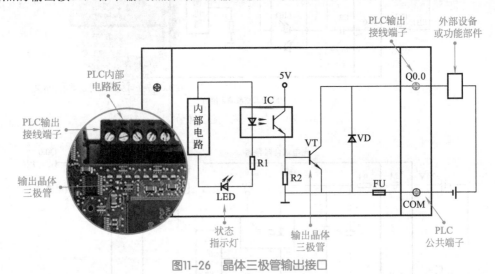

图11-26 晶体三极管输出接口

📖 提示说明

PLC晶体三极管输出接口及相关电路的工作过程如图11-27所示，可以看到，PLC内部接收到输入接口的开关量信号，使对应于晶体三极管VT的内部继电器为1，相应输出继电器得电，所对应输出电路的光电耦合器导通，从而使晶体三极管VT导通，PLC外部设备或功能部件得电，同时状态指示灯LED点亮，表示当前该输出点状态为1。

b.晶闸管输出接口。图11-28所示为晶闸管输出接口，它主要是由光电耦合器IC、状态指示灯LED、双向晶闸管V、熔断器FU等构成的。

c.继电器输出接口。图11-29所示为继电器输出接口，它主要是由继电器K、状态指示灯LED等构成的。

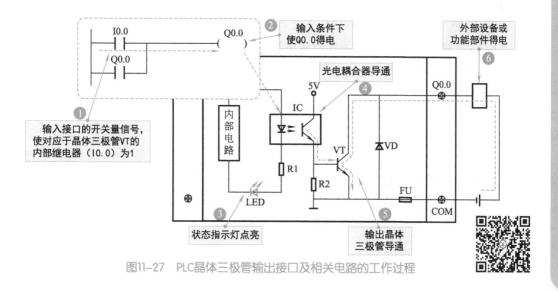

图11-27 PLC晶体三极管输出接口及相关电路的工作过程

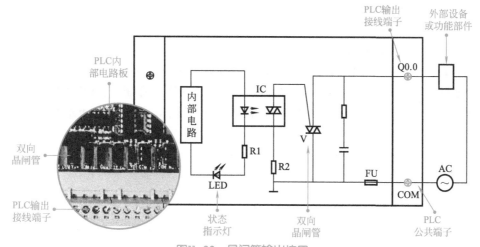

图11-28 晶闸管输出接口

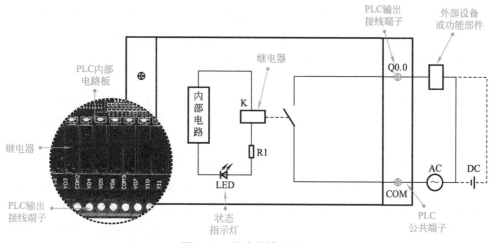

图11-29 继电器输出接口

225

（5）电源

PLC内部配有一个专用开关式稳压电源，始终为各部分电路提供工作所需的电压，确保PLC工作的顺利进行。

PLC电源部分主要是将外加的交流电压或直流电压转换成微处理器、存储器、I/O电路等部分所需要的工作电压。图11-30所示为其工作过程示意图。

图11-30　PLC电源电路的工作过程示意图

📖 **提示说明**

不同型号或品牌的PLC供电方式也有所不同，有些采用直流电源（5V、12V、24V）供电，有些采用交流电源（220V/110V）供电。目前，采用交流电源（220V/110V）供电的PLC较多，该类PLC内置开关式稳压电源，将交流电压进行整流、滤波、稳压处理后，转换为满足PLC内部微处理器、存储器、I/O电路等所需的工作电压。另外，有些PLC可向外部输出24V的直流电压，可为输入电路外接的开关部件或传感部件供电。

11.2.2　PLC的技术应用

PLC在近年来发展极为迅速，随着技术的不断更新，PLC的控制功能，数据采集、存储、处理功能，可编程、调试功能，通信联网功能，人机界面功能等也逐渐变得强大，使得PLC的应用领域得到进一步的急速扩展，广泛应用于各行各业的控制系统中。

目前，PLC已经成为生产自动化、现代化的重要标志。众多生产厂商都投入到PLC产品的研发中，PLC的品种越来越丰富，功能越来越强大，应用也越来越广泛，无论是生产、制造还是管理、检验，都可以看到PLC的身影。

（1）PLC在电动机控制系统中的应用

PLC应用于电动机控制系统中，用于实现自动控制，并且能够在不大幅度改变外接部件的前提下，仅修改内部的程序便可实现多种多样的控制功能，使电气控制更加灵活高效。

图11-31所示为PLC在电动机控制系统中的应用示意图。

可以看到，该系统主要是由操作部件、控制部件和电动机以及一些辅助部件构成的。

其中，各种操作部件用于为该系统输入各种人工指令，包括各种按钮开关、传感器件等；控制部件主要包括总电源开关（总断路器）、PLC可编程控制器、接触器、过热保护继电器等，用于输出控制指令和执行相应动作；电动机是将系统电能转换为机械能的

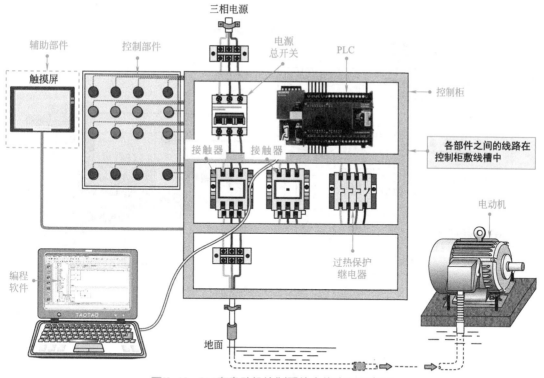

三相电源

辅助部件　控制部件　　电源总开关　　PLC

触摸屏

控制柜

接触器　　接触器

各部件之间的线路在控制柜敷线槽中

电动机

编程软件

过热保护继电器

TAOTAO

地面

图11-31　PLC在电动机控制系统中的应用示意图

输出部件，其执行的各种动作是该控制系统实现的最终目的。

（2）PLC在复杂机床设备中的应用

众所周知，机床设备是工业领域中的重要设备之一，由于其功能的强大、精密，使得对它的控制要求更高，普通的继电器控制虽然能够实现基本的控制功能，但早已无法满足其安全可靠、高效的管理要求。

用PLC对机床设备进行控制，不仅可以提高自动化水平，在实现相应的切削、磨削、钻孔、传送等功能中更具有突出的优势。

图11-32所示为PLC在复杂机床设备中的应用示意图。可以看到，该系统主要是由操作部件、控制部件和机床设备构成的。

其中，各种操作部件用于为该系统输入各种人工指令，包括各种按钮开关、传感器件等；控制部件主要包括电源总开关（总断路器）、PLC可编程控制器、接触器、变频器等，用于输出控制指令和执行相应动作；机床设备主要包括电动机、传感器、检测电路等，通过电动机将系统电能转换为机械能输出，从而控制机械部件完成相应的动作，最终实现相应的加工操作。

（3）PLC在自动化生产制造设备中的应用

PLC在自动化生产制造设备中主要用来实现自动控制功能。PLC在电子元件加工、制造设备中作为控制中心，使元件的输送定位驱动电机、加工深度调整电机、旋转电机和输出电机能够协调运转，相互配合实现自动化工作。

PLC在自动化生产制造设备中的应用见图11-33。

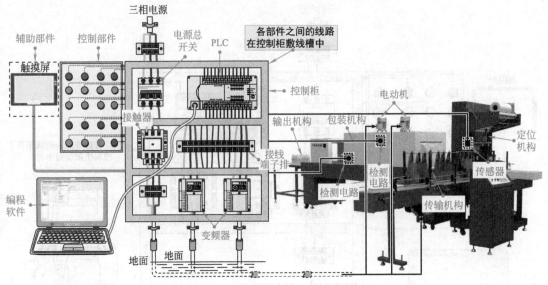

图11-32 典型机床的PLC控制系统

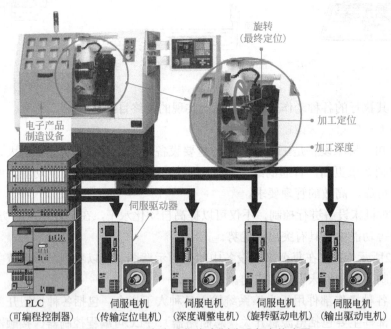

图11-33 PLC在自动化生产制造设备中的应用

第 12 章

PLC梯形图和语句表

12.1

PLC梯形图

12.1.1 PLC梯形图的特点

PLC梯形图是PLC程序设计中最常用的一种编程语言。它继承了继电器控制线路的设计理念，采用图形符号的连通图形式直观形象地表达电气线路的控制过程。它与电气控制线路非常类似，十分易于理解，可以说是广大电气技术人员最容易接受和使用的编程语言。

图12-1所示为典型电气控制线路与PLC梯形图的对应关系。

可以看到，从电气控制原理图到PLC梯形图，整个程序设计保留了电气控制原理图的风格。在PLC梯形图中，特定的符号和文字标识标注了控制线路各电气部件及其工作状态。整个控制过程由多个梯级来描述，也就是说每一个梯级通过能流线上连接的图形、符号或文字标识反映控制过程中的一个控制关系。在梯级中，控制条件表示在左面，然后沿能流线逐渐表现出控制结果，这就是PLC梯形图。这种编程设计习惯非常直观、形象，与电气线路图能很好地对应，控制关系一目了然。

因此，搞清PLC梯形图可以非常快速地了解整个控制系统的设计方案（编程），洞悉控制系统中各电气部件的连接和控制关系，为控制系统的调试、改造提供帮助，若控制系统出现故障，从PLC梯形图入手也可准确快捷地作出检测分析，有效地完成对故障的排查，可以说PLC梯形图在电气控制系统的设计、调试、改造以及检修中有着重要的意义。

📖 提示说明

由于PLC生产厂家不同，PLC梯形图中所定义的触点符号、线圈符号以及文字标识等所表示的含义都会有所不同。例如，三菱公司生产的PLC就要遵循三菱PLC梯形图编程标准，西门子公司生产的PLC就要遵循西门子PLC梯形图编程标准，具体要以设备生产厂商的标准为依据。

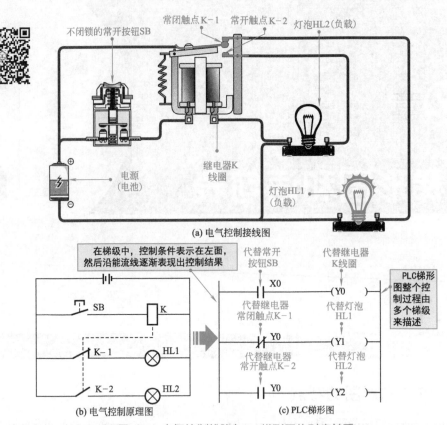

图12-1 电气控制线路与PLC梯形图的对应关系

（1）PLC梯形图在控制系统设计中的应用

图12-2所示为电气设计人员通过PLC梯形图完成的雨水再利用的自动化控制系统设计方案。通过PLC编辑软件完成PLC梯形图的编写后，将编写程序输入PLC，再根据设计要求完成各设备之间的连接，这就是PLC梯形图最基础的应用。

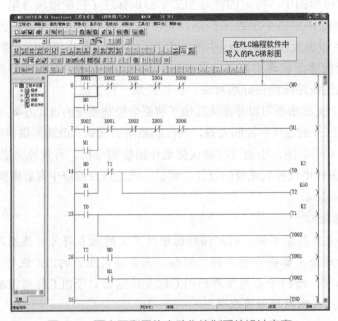

图12-2 雨水再利用的自动化控制系统设计方案

（2）PLC梯形图在控制系统改造中的应用

若需要对原控制系统进行改造，通过PLC梯形图了解原先的设计方案，然后在原设计方案的基础上，改写程序，调整外部设备的连接关系，即可在最短的时间内以最小的成本投入完成项目的改造。

图12-3所示为采用图12-2设计程序完成的雨水再利用的自动化控制系统。

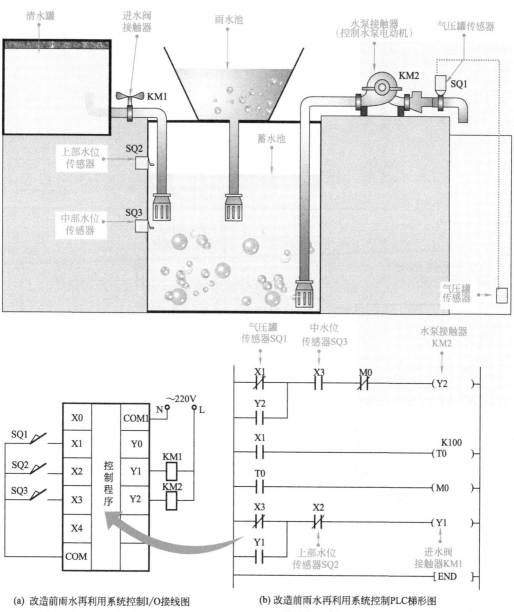

(a) 改造前雨水再利用系统控制I/O接线图　　　(b) 改造前雨水再利用系统控制PLC梯形图

图12-3　雨水再利用的自动化控制系统

通过对原始PLC梯形图的分析即可快速完成对整个系统的改造方案。图12-4所示为改造后的雨水再利用自动化控制系统。

底部水位传感器增加完成后，绘制PLC梯形图编写时所需的I/O分配表，如表12-1所示。

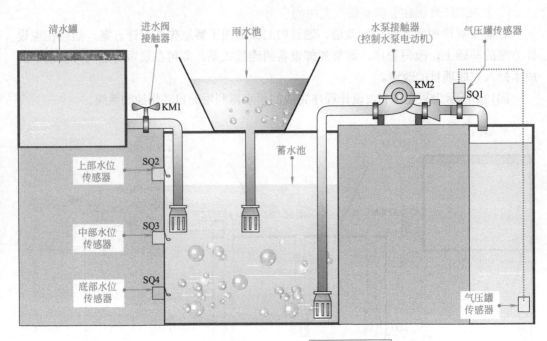

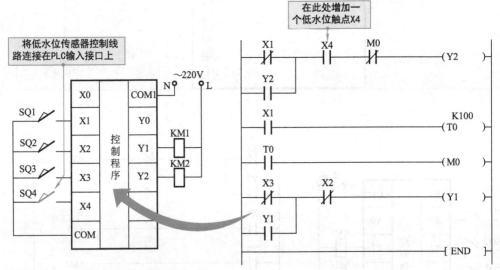

(a) 改造后雨水再利用系统控制I/O接线图　　　(b) 改造后雨水再利用系统控制PLC梯形图

图12-4　改造后的雨水再利用的自动化控制系统

表12-1　雨水再利用控制系统的PLC控制I/O分配表

输入信号及地址编号			输出信号及地址编号		
名称	代号	输入点地址编号	名称	代号	输出点地址编号
气压罐传感器	SQ1	X1	进水阀接触器	KM1	Y1
上部水位传感器	SQ2	X2	水泵接触器	KM2	Y2
中部水位传感器	SQ3	X3			
底部水位传感器	SQ4	X4			

可以看到，利用PLC梯形图非常方便地完成了低水位传感器的添加，使系统能够对低水位状态进行有效的检测和控制。

（3）PLC梯形图在控制系统检修中的应用

一旦控制系统出现故障，PLC梯形图仍然起着重要的作用。检测人员可根据对PLC梯形图的识读，了解整个控制系统的工作过程，然后检测人员便可根据PLC梯形图反映的动作关系，做出有效的检修分析方案，圈定故障范围，最终完成对整个控制系统的检修。如图12-5所示，依然是雨水再利用的自动化控制系统，若出现故障，检修人员便可依据PLC梯形图完成故障的分析排查。

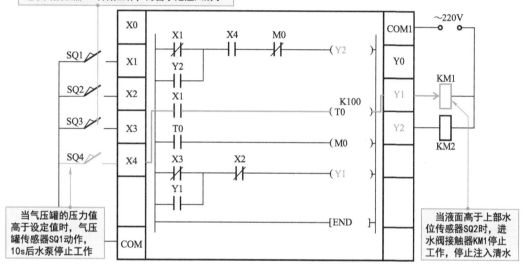

图12-5　雨水再利用的自动化控制系统的故障分析排查

可见有了PLC梯形图，无论控制系统多么复杂，检修人员都能在短时间内找出故障线索完成检修工作。

12.1.2　PLC梯形图的构成

（1）梯形图的构成及符号含义

梯形图主要是由母线、触点、线圈构成的，如图12-6所示。图中左、右的竖直线称为左、右母线；触点对应电气控制原理图中的开关、按钮、继电器触点、接触器触点等电气部件；线圈对应电气控制原理图中的继电器线圈、接触器线圈等，通常用来控制外部的指示灯、电动机、继电器线圈、接触器线圈等输出元件。

① 母线　梯形图中两侧的竖直线称为母线，在分析梯形图的逻辑关系时，可参照电气原理图的分析方式进行分析。如图12-7所示，在电气原理图中，电流由电源的正极流出，经开关SB1加到灯泡HL1上与电源负极构成一个完整的回路，灯泡HL1点亮；电气原理图所对应的梯形图中，假定左母线代表电源正极，右母线代表电源负极，母线之间有"能流"，能流代表电流，从左向右流动，即能流由左母线经触点X0加到线圈Y0上，与右母线构成一个完整的回路，线圈Y0得电。

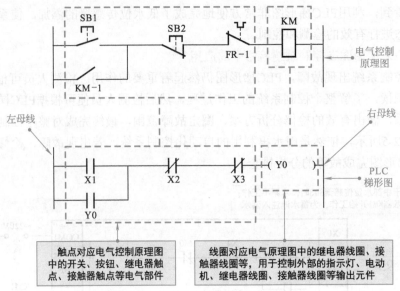

图12-6 梯形图的构成及符号含义

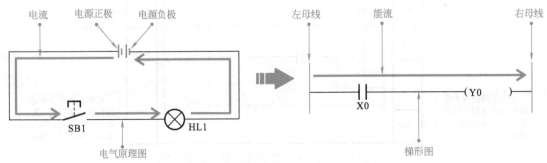

图12-7 典型电气原理图与对应的梯形图

② 触点 在PLC的梯形图中有两类触点，分别为常开触点"┤├"和常闭触点"╫"，触点的通断情况与触点的逻辑赋值有关，若逻辑赋值为"0"，常开触点"┤├"断开，常闭触点"╫"闭合；若逻辑赋值为"1"，常开触点"┤├"闭合，常闭触点"╫"断开，表12-2所示，为PLC梯形图中触点的含义。

表12-2 PLC梯形图中触点的含义

触点符号	代表含义	逻辑赋值	状态	常用地址符号
┤├	常开触点	"0"或"OFF"时	断开	X、Y、M、T、C
		"1"或"ON"时	闭合	
╫	常闭触点	"1"或"ON"时	断开	
		"0"或"OFF"时	闭合	

图12-8所示为PLC梯形图内部触点的动作过程，从图可看出，当常开触点X1赋值为"1"、X2赋值为"0"时，线圈Y0才可得电。

③ 线圈 在PLC的梯形图中线圈种类有很多，如输出继电器线圈"─（　　）─"、辅助继电器线圈"─（　　）─"、定时器线圈"─（　　）─"等，线圈通断情况与线圈的逻辑

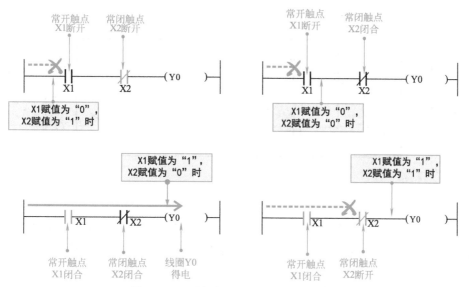

图12-8　PLC梯形图内部触点的动作过程

赋值有关，若逻辑赋值为"0"，线圈失电；若逻辑赋值为"1"，线圈得电，表12-3所示为PLC梯形图中线圈的含义。

表12-3　PLC梯形图中线圈的含义

符号	代表含义	逻辑赋值	状态	常用地址符号
─( )─	线圈	"0"或"OFF"时	失电	Y、M、T、C
		"1"或"ON"时	得电	

（2）PLC梯形图中的继电器

PLC梯形图的内部是由许多不同功能的元件构成的，它们并不是真正的硬件物理元件，而是由电子电路和存储器组成的软元件，如X代表输入继电器，是由输入电路和输入映像寄存器构成的，用于直接输入给PLC的物理信号；Y代表输出继电器，是由输出电路和输出映像寄存器构成的，用于从PLC直接输出物理信号；T代表定时器，M代表辅助继电器，C代表计数器，S代表状态继电器，D代表数据寄存器。它们都是由存储器组成的，用于PLC内部的运算。

下面以典型的输入继电器、输出继电器和时间继电器为例进行介绍。

① 输入/输出继电器　输入继电器常使用字母X进行标识，与PLC的输入端子相连，将接收外部输入的开关信号状态读入并存储在输入映像寄存器中，它只能够使用外部输入信号进行驱动，而不能使用程序进行驱动；输出继电器常使用字母Y进行标识，与PLC的输出端子相连，将PLC输出的信号送给输出模块，然后由输出接口电路将其信号输出来控制外部的继电器、交流接触器、指示灯等负载，它只能够使用PLC内部程序进行驱动。图12-9所示为输入继电器和输出继电器的信号传递过程。

② 定时器　PLC梯形图中的定时器相当于电气控制线路中的时间继电器，常使用字母T进行标识。不同品牌型号的PLC定时器其种类也有所不同，下面以三菱FX_{2N}系列PLC定时器为例进行介绍。

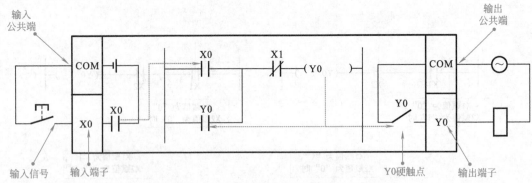

图12-9　输入继电器和输出继电器的信号传递过程

三菱FX$_{2N}$系列PLC定时器可分为通用型定时器和累计型定时器两种，该系列PLC定时器的定时时间T=分辨率等级（ms）×计时常数（K），不同类型、不同号码的定时器所对应的分辨率等级也有所不同，定时器的定时号码对应关系可参见表12-4。

表12-4　三菱FX$_{2N}$系列PLC定时器定时号码对应的分辨率等级

定时器类型	定时器号码	分辨率等级/ms	计时范围/s
通用型定时器	T0～T199	100	0.1～3276.7
	T200～T245	10	0.01～327.67
累计型定时器	T246～T249	1	0.001～32.767
	T250～T255	100	0.1～3276.7

三菱FX$_{2N}$系列PLC中，一般用十进制的数来确定计时常数"K"值（0～32767），例如定时器T0，其分辨率等级为100ms，当计时常数K预设值为50时，则实际的定时时间T=100ms×50=5000ms=5s。

a.通用型定时器。通用型定时器的定时器线圈得电或失电后，经一段时间延时后，触点才会相应动作。但当输入电路断开或停电时，定时器不具有断电保持功能。图12-10所示为通用型定时器的内部结构及工作原理。

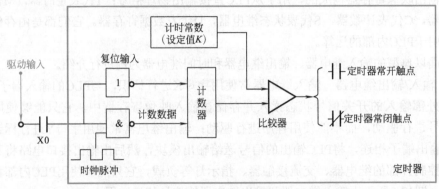

图12-10　通用型定时器的内部结构及工作原理

输入继电器触点X0闭合，将计数数据送入计数器中，计数器从零开始对时钟脉冲进行计数，当计数值等于计时常数（设定值K）时，电压比较器输出端输出控制信号控制定时器常开触点、常闭触点相应动作。当输入继电器触点X0断开或停电时，计数器复位，定时器常开、常闭触点也相应复位。

图12-11所示为典型通用型定时器的工作过程。

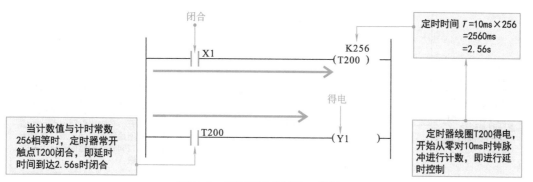

图12-11 通用型定时器的工作过程

当输入继电器触点X1闭合时，定时器线圈T200得电，开始从零对10ms时钟脉冲进行计数，即进行延时控制，当计数值与计时常数256相等时，定时器常开触点T200闭合，即延时时间到达2.56s时闭合，此时输出继电器线圈Y1得电。

b.累计型定时器。累计型定时器与通用型定时器不同的是，累计型定时器在定时过程中断电或输入电路断开时，定时器具有断电保持功能，能够保持当前计数值，当通电或输入电路闭合时，定时器会在保持当前计数值的基础上继续累计计数，图12-12所示为累计型定时器的内部结构及工作原理。

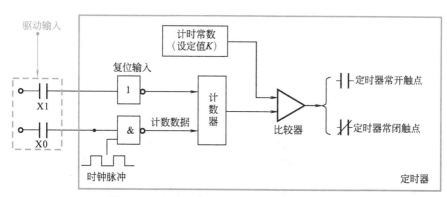

图12-12 累计型定时器的内部结构及工作原理

输入继电器触点X0闭合，将计数数据送入计数器中，计数器从零开始对时钟脉冲进行计数。当定时器计数值未达到计时常数（设定值K）时，输入继电器触点X0断开或断电，计数器可保持当前计数值。当输入继电器触点X0再次闭合或通电时，计数器在当前值的基础上开始累计计数。当累计计数值等于计时常数（设定值K）时，电压比较器输出端输出控制信号控制定时器常开触点、常闭触点相应动作。

当复位输入触点X1闭合时，计数器计数值复位，其定时器常开、常闭触点也相应复位。

图12-13所示为累计型定时器的工作过程。

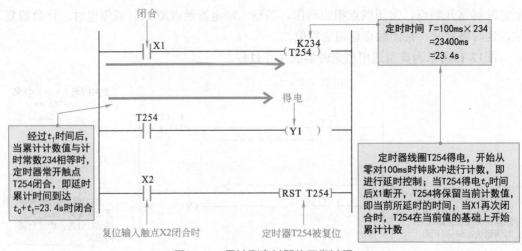

图12-13 累计型定时器的工作过程

当输入继电器触点X1闭合时，定时器线圈T254得电，开始从零对100ms时钟脉冲进行计数，即进行延时控制；当定时器线圈T254得电t_0时间后X1断开时，T254将保留当前计数值，即当前所延时的时间；当X1再次闭合时，T254在当前值的基础上开始累计计数，经过t_1时间后，当累计计数值与计数常数234相等时，定时器常开触点T254闭合，即延时累计时间到达$t_0+t_1=23.4$ s时闭合，输出继电器线圈Y1得电。

当复位输入触点X2闭合时，定时器T254被复位，当前值变为零，常开触点T254也随之复位断开。

12.1.3　PLC梯形图中的基本电路形式

在PLC梯形图中AND运算电路、OR运算电路、自锁电路、互锁电路、分支电路、时间电路等是非常基本的电路形式。

（1）AND（与）运算电路

AND（与）运算电路是PLC编程语言中最基本、最常用的电路形式，它是指线圈接收触点的AND（与）运算结果，图12-14所示为典型AND（与）运算电路。

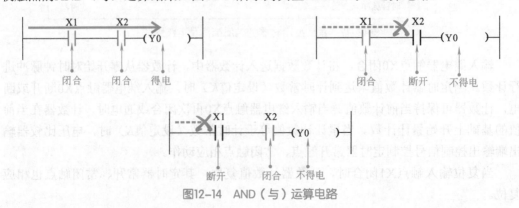

图12-14　AND（与）运算电路

当触点X1和触点X2均闭合时，线圈Y0才可得电；当触点X1和触点X2任意一点断开时，线圈Y0均不能得电。线圈Y0接收的是触点X1和触点X2的AND（与）运算结果，因此该类型的电路称为AND（与）运算电路。

（2）OR（或）运算电路

OR（或）运算电路也是最基本、最常用的电路形式，它是指线圈接收触点的OR（或）运算结果，图12-15所示为典型OR（或）运算电路。

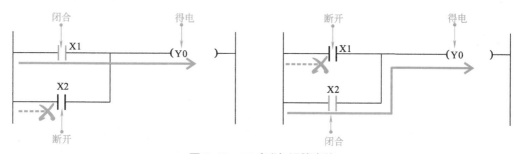

图12-15　OR（或）运算电路

当触点X1和触点X2任意一点闭合时，线圈Y0均得电。线圈Y0接收的是触点X1和触点X2的OR（或）运算结果，因此该类型的电路称为OR（或）运算电路。

（3）自锁电路

自锁电路是机械锁定开关电路编程中常用的电路形式，它是指输入继电器触点闭合，输出继电器线圈得电，控制其输出继电器触点锁定输入继电器触点，当输入继电器触点断开后，输出继电器触点仍能维持输出继电器线圈得电。

PLC编程中常用的自锁电路有两种形式，分别为关断优先式自锁电路和启动优先式自锁电路。

① 关断优先式自锁电路　图12-16所示为典型关断优先式自锁电路。该电路是指当输入继电器常闭触点X2断开时，无论输入继电器常开触点X1处于闭合还是断开状态，输出继电器线圈Y0均不能得电。

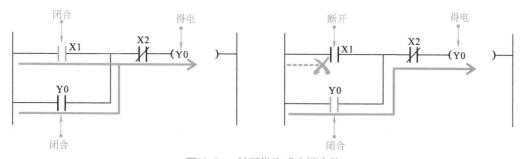

图12-16　关断优先式自锁电路

当输入继电器常开触点X1闭合时，输出继电器线圈Y0得电，使输出继电器常开触点Y0闭合自锁；当输入继电器常开触点X1断开时，输出继电器常开触点Y0仍能维持输出继电器线圈Y0得电。

当输入继电器常闭触点X2断开时，输出继电器线圈Y0失电，使输出继电器常开触点Y0断开；当需再次启动输出继电器线圈Y0时，需重新闭合输入继电器触点X1。

② 启动优先式自锁电路　图12-17所示为典型启动优先式自锁电路。该电路是指输

入继电器常开触点X1闭合时，无论输入继电器常闭触点X2处于闭合还是断开状态，输出继电器线圈Y0均能得电。

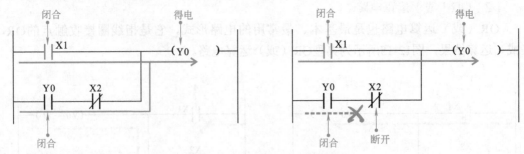

图12-17　启动优先式自锁电路

当输入继电器常开触点X2闭合时，输出继电器线圈Y0得电，使输出继电器常开触点Y0闭合与输入继电器常闭触点X2配合自锁；当输入继电器常开触点X1断开时，输出继电器常开触点Y0与输入继电器常闭触点X2配合仍能维持输出继电器线圈Y0得电。

当输入继电器常闭触点X2断开时，输出继电器线圈Y0才失电，使输出继电器常开触点Y0断开；当需再次启动输出继电器线圈Y0时，需重新闭合输入继电器触点X1。

（4）互锁电路

互锁电路是控制两个继电器不能够同时动作的一种电路形式，它是指通过其中一个线圈触点锁定另一个线圈，使其不能够得电，图12-18所示为典型互锁电路。

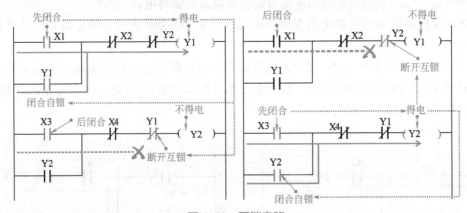

图12-18　互锁电路

当输入继电器触点X1先闭合时，输出继电器线圈Y1得电，使其输出继电器常开触点Y1闭合自锁，输出继电器常闭触点Y1断开互锁，此时即使闭合输入继电器触点X3，输出继电器线圈Y2也不能够得电。

当输入继电器触点X3先闭合时，输出继电器线圈Y2得电，使其输出继电器常开触点Y2闭合自锁，输出继电器常闭触点Y2断开互锁，此时即使闭合输入继电器触点X1，输出继电器线圈Y1也不能够得电。

（5）分支电路

分支电路是由一条输入指令控制两条输出结果的一种电路形式，图12-19所示为典型分支电路。

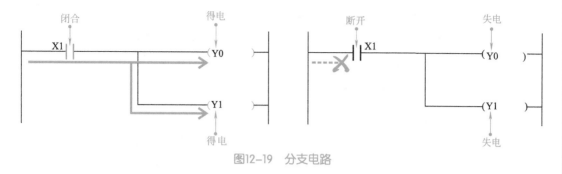

图12-19　分支电路

当输入继电器触点X1闭合时，输出继电器线圈Y0和Y1同时得电；当输入继电器触点X1断开时，输出继电器线圈Y0和Y1同时失电。

（6）时间电路

时间电路是指由定时器进行延时、定时和脉冲控制的一种电路形式，相当于电气控制电路中的时间继电器的功能。

PLC编程中常用的时间电路主要有由一个定时器控制的时间电路、由两个定时器组合控制的时间电路、定时器串联控制的时间电路等。

①由一个定时器控制的时间电路　图12-20所示为由一个定时器控制的时间电路。定时器T1的定时时间T=100ms×30=3000ms=3s，即当定时器线圈T1得电后，延时3s后，控制器常开触点T1闭合。

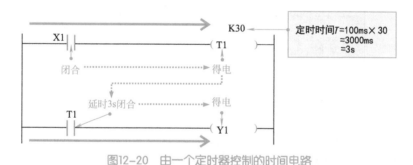

图12-20　由一个定时器控制的时间电路

当输入继电器常开触点X1闭合时，定时器线圈T1得电，经3s延时后，定时器常开触点T1闭合，输出继电器线圈Y1得电。

② 由两个定时器组合控制的时间电路　图12-21所示为由两个定时器组合控制的时间电路，该电路可利用多个定时器实现更长时间的延时控制。图中定时器T1的定时时间T=100ms×30=3000ms=3s，即当定时器线圈T1得电后，延时3s后，控制器常开触点T1闭合；定时器T245的定时时间T=10ms×456=4560ms=4.56s，即当定时器线圈T245得电后，延时4.56s后，控制器常开触点T245闭合。

当输入继电器常开触点X1闭合时，定时器线圈T1得电，经3s延时后，定时器常开触点T1闭合，定时器线圈T245得电，经4.56s延时后，定时器常开触点T245闭合，输出继电器线圈Y1得电。

③ 定时器串联控制的时间电路　图12-22所示为定时器串联控制的时间电路。图中，定时器T1的定时时间T=100ms×15=1500ms=1.5s，即当定时器线圈T1得电后，延时1.5s

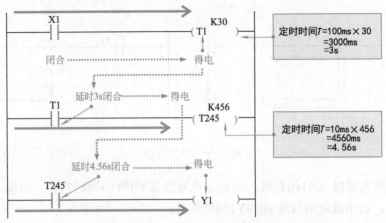

图12-21　由两个定时器控制的时间电路

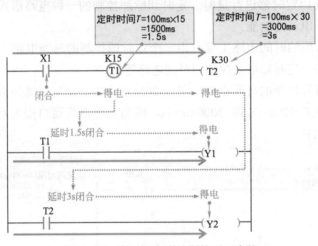

图12-22　定时器串联控制的时间电路

后，控制器常开触点T1闭合；定时器T2的定时时间T=100ms×30=3000ms=3s，即当定时器线圈T2得电后，延时3s后，控制器常开触点T2闭合。

当输入继电器常开触点X1闭合时，定时器线圈T1和T2得电，经1.5s延时后，定时器常开触点T1闭合，输出继电器线圈Y1得电，经3s延时后，定时器常开触点T2闭合，输出继电器线圈Y2得电。

12.2
PLC语句表

12.2.1　PLC语句表的特点

PLC梯形图具有直观形象的图示化特点，而PLC语句表正好相反，它的编程最终以"文本"的形式体现，图12-23所示为用PLC梯形图和PLC语句表编写的同一个控制系统的程序。

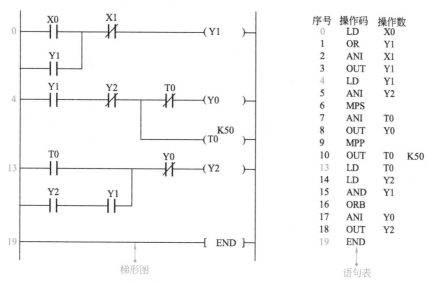

图12-23 用PLC梯形图和PLC语句表编写的同一个控制系统的程序

可以看出，PLC语句表没有PLC梯形图那样直观、形象，但PLC语句表的表达更加精练、简洁。如果能够了解PLC语句表和PLC梯形图的含义，则会发现PLC语句表和PLC梯形图是一一对应的。

📖 **提示说明**

从图可看出在PLC梯形图的输入母线的每一条语句的分支处都标有数字编号，该编号代表该条语句的第一个指令在整个梯形图中的执行顺序，与语句表中的序号相对应。

PLC梯形图中的每一条语句都与语句表中若干条语句相对应，且每一条语句中的每一个触点、线圈都与PLC语句表中的操作码和操作数相对应，如图12-24所示。除此之外，梯形图中的重要分支点，如并联电路块串联、串联电路块并联、进栈、读栈、出栈触点处等，在语句表中也会通过相应指令指示出来。

📖 **提示说明**

在很多PLC编程软件中，都具有PLC梯形图和语句表的转换功能，如图12-25所示。通过"梯形图/指令表显示切换"按钮可实现PLC梯形图和语句表之间的转换。值得注意的是，所有的PLC梯形图都可转换成所对应的语句表，但并不是所有的语句表都可以转换为所对应的梯形图。

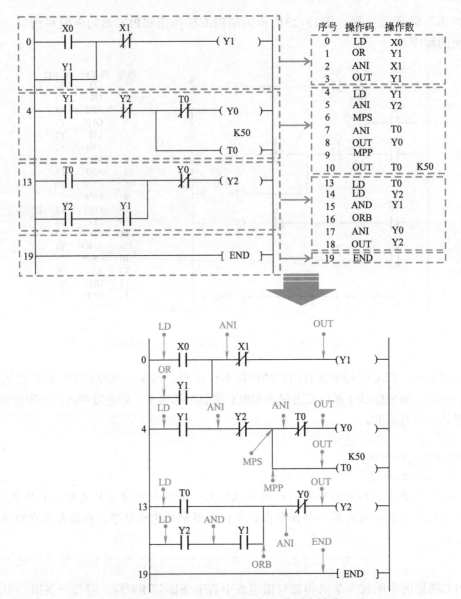

图12-24　PLC梯形图和语句表的对应关系

12.2.2　PLC语句表的构成

PLC语句表是由序号、操作码和操作数构成的，如图12-26所示。

（1）序号

序号使用数字进行标识，表示指令语句的顺序。

（2）操作码

操作码使用助记符进行标识，也称为编程指令，用于完成PLC的控制功能。不同厂家生产的PLC，其语句表使用的助记符也不相同，表12-5所示为三菱FX系列和西门子S7-200系列PLC中常用的助记符。

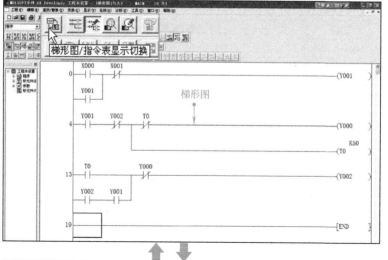

图12-25 梯形图与语句表的转换

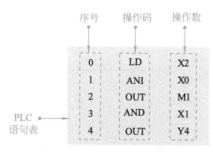

图12-26 PLC语句表的构成

表12-5 三菱FX系列和西门子S7-200系列PLC中常用的助记符

功能	三菱FX系列（助记符）	西门子S7-200系列（助记符）
读指令（逻辑段开始-常开触点）	LD	LD
读反指令（逻辑段开始-常闭触点）	LDI	LDN
输出指令（驱动线圈指令）	OUT	=
"与"指令	AND	A
"与非"指令	ANI	AN
"或"指令	OR	O

功能	三菱FX系列（助记符）	西门子S7-200系列（助记符）
"或非"指令	ORI	ON
"电路块"与指令	ANB	ALD
"电路块"或指令	ORB	OLD
"置位"指令	SET	S
"复位"指令	RST	R
"进栈"指令	MPS	LPS
"读栈"指令	MRD	LRD
"出栈"指令	MPP	LPP
上升沿脉冲指令	PLS	EU
下降沿脉冲指令	PLF	ED

（3）操作数

操作数使用地址编号进行标识，用于指示PLC操作数据的地址，相当于梯形图中软继电器的文字标识，不同厂家生产的PLC，其语句表使用的操作数也有所差异，例如，表12-6所示为三菱FX系列和西门子S7-200系列PLC中常用的操作数。

表12-6 三菱FX系列和西门子S7-200系列PLC中常用的操作数

三菱FX系列（操作数）		西门子S7-200系列（操作数）	
名称	地址编号	名称	地址编号
输入继电器	X	输入继电器	I
输出继电器	Y	输出继电器	Q
定时器	T	定时器	T
计数器	C	计数器	C
辅助继电器	M	通用辅助继电器	M
状态继电器	S	特殊标志继电器	SM
		变量存储器	V
		顺序控制继电器	S

第 13 章

PLC控制技术的应用

13.1

电动机启、停系统的PLC电气控制

13.1.1　电动机启、停系统的PLC控制电路

图13-1为由三菱PLC控制的电动机启、停控制电路。该电路主要由FX$_{2N}$-32MR型PLC，输入设备SB1、SB2、FR，输出设备KM、HL1、HL2及电源总开关QF、三相交流电动机M等构成。

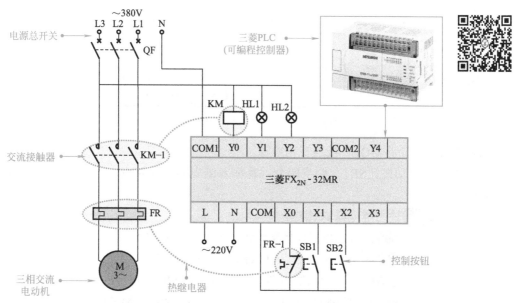

图13-1　由三菱PLC控制的电动机启、停控制电路

电路中，PLC控制部件和执行部件根据PLC控制系统设计之初建立的I/O分配表连接

分配，所连接的接口名称对应PLC内部程序的编程地址编号，如表13-1所示。

表13-1 电动机启、停PLC控制电路I/O地址编号（三菱FX$_{2N}$-32MR）

输入信号及地址编号			输出信号及地址编号		
名称	代号	输入点地址编号	名称	代号	输出点地址编号
热继电器	FR1	X0	交流接触器	KM	Y0
启动按钮	SB1	X1	运行指示灯	HL1	Y1
停止按钮	SB2	X2	停机指示灯	HL2	Y2

13.1.2 电动机启、停系统的PLC电气控制过程

从控制部件、梯形图程序与执行部件的控制关系入手，逐一分析各组成部件的动作状态即可弄清电动机启、停PLC控制电路的控制过程，如图13-2所示。

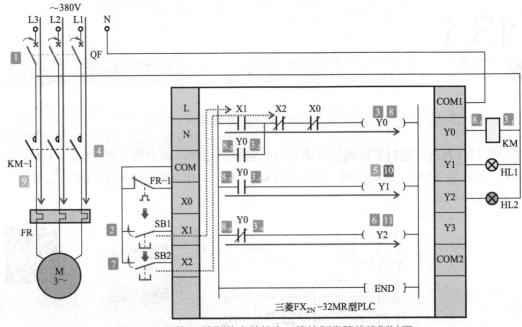

图13-2 三菱PLC控制的电动机启、停控制电路的控制过程

1 合上总断路器QF，接通三相电源。

2 按下启动按钮SB1，触点闭合，将输入继电器常开触点X1置"1"，即常开触点X1闭合。

2 → **3** 输出继电器Y0得电。

　　3.₁ 控制PLC外接交流接触器KM线圈得电。

　　3.₂ 自锁常开触点Y0（KM-2）闭合自锁。

　　3.₃ 控制输出继电器Y1的常开触点Y0（KM-3）闭合。

　　3.₄ 控制输出继电器Y2的常闭触点Y0（KM-4）断开。

3.₁ → **4** 主电路中的主触点KM-1闭合，接通电动机M电源，电动机M启动运转。

3.₃ → **5** 输出继电器Y1得电，运行指示灯HL1点亮。

3_{-4} → 6 输出继电器Y2失电，停机指示灯HL2熄灭。

7 当需要停机时，按下停机按钮SB2，触点闭合，将输入继电器常开触点X2置"1"，即常闭触点X2断开。

7 → 8 输出继电器Y0失电。

8_{-1} 控制PLC外接交流接触器KM线圈失电。

8_{-2} 自锁常开触点Y0（KM-2）复位断开，解除自锁。

8_{-3} 控制输出继电器Y1的常开触点Y0（KM-3）复位断开。

8_{-4} 控制输出继电器Y2的常闭触点Y0（KM-4）复位闭合。

8_{-1} → 9 主电路中的主触点KM-1复位断开，切断电动机M电源，电动机M失电停转。

8_{-3} → 10 输出继电器Y1失电，运行指示灯HL1熄灭。

8_{-4} → 11 输出继电器Y2得电，停机指示灯HL2点亮。

13.2
电动机反接制动系统的PLC电气控制

13.2.1 电动机反接制动PLC控制电路的结构

图13-3为由三菱PLC控制的电动机反接制动控制电路。该电路主要由三菱FX$_{2N}$-16MR型PLC，输入设备SB1、SB2、KS-1、FR-1，输出设备KM1、KM2及电源总开关QF、三相交流电动机M等构成。

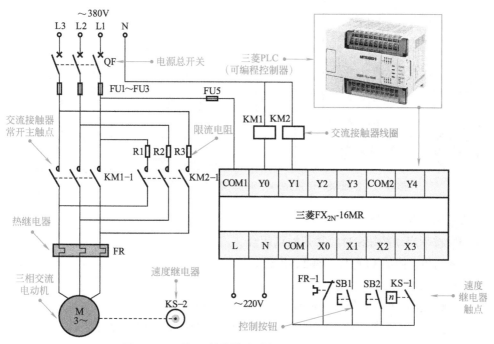

图13-3 三菱PLC控制的电动机反接制动控制电路

电路中，PLC控制部件和执行部件根据PLC控制系统设计之初建立的I/O分配表连接分配，所连接的接口名称也对应PLC内部程序的编程地址编号，如表13-2所示。

表13-2 电动机反接制动PLC控制电路的I/O地址编号（三菱FX$_{2N}$-16MR）

输入信号及地址编号			输出信号及地址编号		
名称	代号	输入点地址编号	名称	代号	输出点地址编号
热继电器常闭触点	FR-1	X0	交流接触器	KM1	Y0
启动按钮	SB1	X1	交流接触器	KM2	Y1
停止按钮	SB2	X2			
速度继电器常开触点	KS-1	X3			

13.2.2 电动机反接制动PLC控制电路的控制过程

从控制部件、梯形图程序与执行部件的控制关系入手，逐一分析各组成部件的动作状态即可弄清电动机在PLC控制下实现反接制动的控制过程，如图13-4所示。

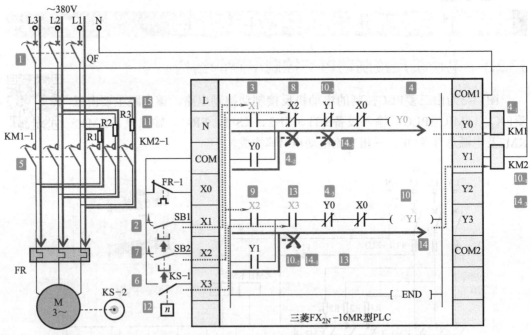

图13-4 三菱PLC控制的电动机反接制动控制电路的控制过程

1 闭合QF，接通三相电源。

2 按下启动按钮SB1，常开触点闭合。

3 将PLC内的X1置1，该触点接通。

4 输出继电器Y0得电。

4-1 控制PLC外接交流接触器线圈KM1得电。

4-2 自锁常开触点Y0闭合自锁，使松开的启动按钮仍保持接通。

4.3 常闭触点Y0断开，防止Y2得电，即防止接触器线圈KM2得电。

4.1 → 5 主电路中的常开主触点KM1-1闭合，接通电动机电源，电动机启动运转。

4.1 → 6 速度继电器KS-2与电动机连轴同速运转，KS-1接通，PLC内部触点X3接通。

7 按下停止按钮SB2，常闭触点断开，控制PLC内输入继电器X2触点动作。

7 → 8 控制输出继电器Y0线圈的常闭触点X2断开，输出继电器Y0线圈失电，控制PLC外接交流接触器线圈KM1失电，带动主电路中主触点KM1-1复位断开，电动机断电惯性运转。

7 → 9 控制输出继电器Y1线圈的常开触点X2闭合。

10 输出继电器Y1线圈得电。

10.1 控制PLC外接KM2线圈得电。

10.2 自锁常开主触点Y1接通，实现自锁功能。

10.3 控制Y0线圈的常闭触点Y1断开，防止Y0得电，即防止接触器KM1线圈得电。

10.1 → 11 带动主电路中主触点KM2-1闭合，电动机串联限流电阻器R1～R3后反接制动。

12 由于制动作用使电动机转速减小到零时，速度继电器KS-1断开。

13 将PLC内输入继电器X3置0，即控制输出继电器Y1线圈的常开触点X3断开。

14 输出继电器Y1线圈失电。

14.1 常开触点Y1断开，解除自锁。

14.2 常闭触点Y1接通复位，为Y0下次得电做好准备。

14.3 PLC外接的交流接触器KM2线圈失电。

14.3 → 15 常开主触点KM2-1断开，电动机切断电源，制动结束，电动机停止运转。

13.3
通风报警系统的PLC电气控制

13.3.1 通风报警PLC控制电路的结构

图13-5为三菱PLC控制的通风报警控制电路。该电路主要是由风机运行状态检测传感器A、B、C、D，三菱PLC，红色、绿色、黄色三个指示灯等构成的。

风机A、B、C、D运行状态传感器和指示灯分别连接PLC相应的I/O接口上，所连接的接口名称对应PLC内部程序的编程地址编号，如表13-3所示，由设计之初确定的I/O分配表设定。

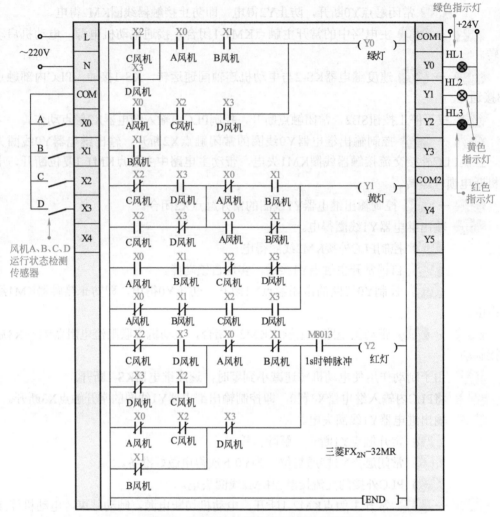

图13-5　三菱PLC控制的通风报警控制电路

表13-3　三菱PLC控制的通风报警控制电路的I/O地址编号（三菱FX$_{2N}$系列PLC）

输入信号及地址编号			输出信号及地址编号		
名称	代号	输入点地址编号	名称	代号	输出点地址编号
风行A运行状态检测传感器	A	X0	通风良好指示灯（绿）	HL1	Y0
风行B运行状态检测传感器	B	X1	通风不佳指示灯（黄）	HL2	Y1
风行C运行状态检测传感器	C	X2	通风太差指示灯（红）	HL3	Y2
风行D运行状态检测传感器	D	X3			

13.3.2　通风报警PLC控制电路的控制过程

在通风系统中，4台电动机驱动4台风机运转，为了确保通风状态良好，设有通风报警系统，即由绿、黄、红指示灯对电动机的运行状态进行指示。当3台以上风机同时运行时，绿灯亮，表示通风状态良好；当2台风机同时运转时，黄灯亮，表示通风不佳；

当仅有一台风机运转时，红灯亮，并闪烁发出报警指示，警告通风太差。

图13-6为三菱PLC控制的通风报警控制电路中绿灯点亮的控制过程。

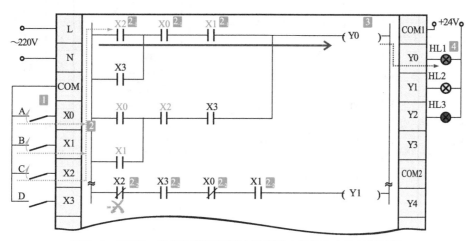

图13-6　三菱PLC控制的通风报警控制电路中绿灯点亮的控制过程

当3台以上风机均运转时，风机A、B、C、D传感器中至少有3只传感器闭合，向PLC中送入传感信号。根据PLC内控制绿灯的梯形图程序可知，X0～X3任意三个输入继电器触点闭合，总有一条程序能控制输出继电器Y0线圈得电，使HL1得电点亮。例如，当A、B、C三个传感器获得运转信息而闭合时。

1 当风机A、B、C传感器测得风机运转信息闭合时，常开触点闭合。

2 PLC内相应输入继电器触点动作。

2-1 将PLC内输入继电器X0、X1、X2的常开触点闭合。

2-2 同时，输入继电器X0、X1、X2的常闭触点断开，使输出继电器Y1、Y2线圈不可得电。

2-1 → **3** 输出继电器Y0线圈得电。

4 控制PLC外接绿色指示灯HL1点亮，指示目前通风状态良好。

图13-7为由三菱PLC控制的通风报警控制电路中黄灯、红灯点亮的控制过程。

当2台风机运转时，风机A、B、C、D传感器中至少有2只传感器闭合，向PLC中送入传感信号。根据PLC内控制黄灯的梯形图程序可知，X0～X3任意两个输入继电器触点闭合，总有一条程序能控制输出继电器Y1线圈得电，从而使HL2得电点亮。例如，当A、B两个传感器获得运转信息而闭合时。

5 当风机A、B传感器测得风机运转信息闭合时，常开触点闭合。

6 PLC内相应输入继电器触点动作。

6-1 将PLC内输入继电器X0、X1的常开触点闭合。

6-2 同时，输入继电器X0、X1的常闭触点断开，使输出继电器Y2线圈不可得电。

6-1 → **7** 输出继电器Y1线圈得电。

8 控制PLC外接黄色指示灯HL2点亮，指示目前通风状态不佳。

当少于2台风机运转时，风机A、B、C、D传感器中无传感器闭合或仅有1只传感器

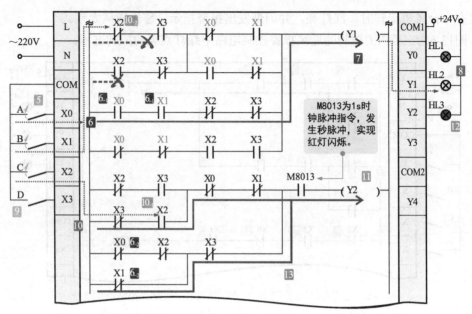

图13-7 三菱PLC控制的通风报警控制电路中黄灯、红灯点亮的控制过程

闭合，向PLC中送入传感信号。根据PLC内控制红灯的梯形图程序可知，X0～X3任意1个输入继电器触点闭合或无触点闭合送入信号，总有一条程序能控制输出继电器Y2线圈得电，从而使HL3得电点亮。例如，当仅C传感器获得运转信息而闭合时。

　9　当风机C传感器测得风机运转信息闭合时，其常开触点闭合。

　10　PLC内相应输入继电器触点动作。

　　10-1　将PLC内输入继电器X2的常开触点闭合。

　　10-2　同时，输入继电器X2的常闭触点断开，使输出继电器Y1线圈不可得电。

　10-1　→　11　输出继电器Y2线圈得电。

　12　控制PLC外接红色指示灯HL3点亮。同时，在M8013的作用下发出1s时钟脉冲，使红色指示灯闪烁，发出报警指示目前通风太差。

　13　当无风机运转时，风机A、B、C、D传感器都不动作，PLC内梯形图程序中Y2线圈得电，控制红色指示灯HL3点亮，在M8013控制下闪烁发出报警。

13.4

运料小车系统的PLC电气控制

13.4.1　运料小车PLC控制电路的结构

在日常生产生活中，自动运行的运料小车是比较常见的，而使用PLC进行控制，可以避免进行复杂的线路连接，并能够对小车的往返运行进行自动控制，避免出现人为误操作的现象。下面就以一种运料小车往返运行控制电路为例，介绍其PLC控制过程。

　　图13-8为运料小车往返运行的功能示意图。该运料小车由启动（右移启动、左移启动）和停止按钮进行控制，首先运料小车右移启动运行后，右移到限位开关SQ1处，此时小车停止并开始进行装料，30s后装料完毕。然后小车自动开始左移，当小车左移至限位开关SQ2处时，小车停止并开始进行卸料，1min后卸料结束，再自动右移，如此循环工作，直到按下停止按钮。

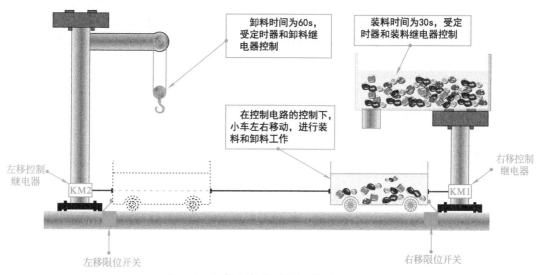

图13-8　运料小车往返运行的功能示意图

　　在分析运料小车往返运行的PLC控制过程前，应首先了解其控制电路的结构以及该PLC的输入和输出端接口的具体分配方式，图13-9所示为运料小车往返运行的控制电路。

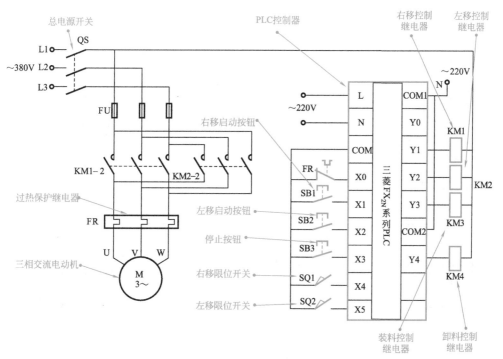

图13-9　运料小车往返运行的控制电路

图13-9中的SB1为右移启动按钮，SB2为左移启动按钮，SB3为停止按钮，SQ1和SQ2分别为右移和左移限位开关，KM1和KM2分别为右移和左移控制继电器，KM3和KM4分别为装料和卸料控制继电器。

该控制电路采用三菱FX$_{2N}$系列PLC，电路中PLC控制I/O分配如表13-4所示。

表13-4 运料小车往返控制电路中三菱FX$_{2N}$系列PLC控制I/O分配表

输入信号及地址编号			输出信号及地址编号		
名称	代号	输入点地址编号	名称	代号	输出点地址编号
过热保护继电器	FR	X0	右移控制继电器	KM1	Y1
右移控制启动按钮	SB1	X1	左移控制继电器	KM2	Y2
左移控制启动按钮	SB2	X2	装料控制继电器	KM3	Y3
停止按钮	SB3	X3	卸料控制继电器	KM4	Y4
右移限位开关	SQ1	X4			
左移限位开关	SQ2	X5			

图13-10所示为控制电路中PLC内部的梯形图和语句表。可对照PLC控制电路和I/O分配表，在梯形图中进行适当文字注解，然后再根据操作动作具体分析运料小车往返运行的控制过程。

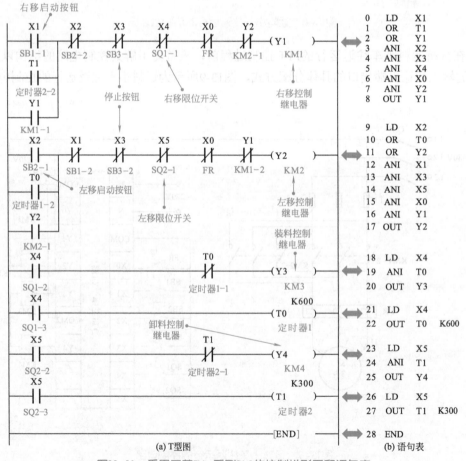

图13-10 采用三菱FX$_{2N}$系列PLC的控制梯形图和语句表

三菱PLC定时器的设定值（定时时间T）＝计时单位×计时常数（K）。其中计时单位有1ms、10ms和100ms，不同的编程应用中，不同的定时器，其计时单位也会不同。因此在设置定时器时，可以通过改变计时常数（K）来改变定时时间。三菱FX_{2N}型PLC中，一般用十进制的数来确定"K"值（0～32767），例如三菱FX_{2N}型PLC中，定时器的计时单位为100ms，其时间常数K值为50，则$T=100ms×50=5000ms=5s$。

13.4.2 运料小车PLC控制电路的控制过程

（1）运料小车右移和装料的工作过程

运料小车开始工作，需要先右移到装料点，然后在定时器和装料继电器的控制下进行装料，下面就分析一下运料小车右移和装料的工作过程，如图13-11所示。

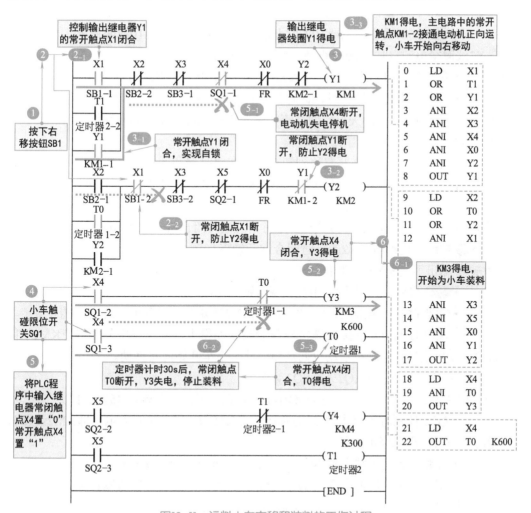

图13-11 运料小车右移和装料的工作过程

❶ 按下右移启动按钮SB1。

❶→❷ 将PLC程序中输入继电器常开触点X1置"1"，常闭触点X1置"0"。

　　→ **2.1** 控制输出继电器Y1的常开触点X1闭合。

　　→ **2.2** 控制输出继电器Y2的常闭触点X1断开，实现输入继电器互锁，防止Y2得电。

2.1→❸ 输出继电器Y1线圈得电。

　　→ **3.1** 自锁常开触点Y1闭合实现自锁功能。

　　→ **3.2** 控制输出继电器Y2的常闭触点Y1断开，实现互锁，防止Y2得电。

　　→ **3.3** 控制PLC外接交流接触器KM1线圈得电，主电路中的主触点KM1-2闭合，接通电动机电源，电动机启动正向运转，此时小车开始向右移动。

❹ 小车右移至限位开关SQ1处，SQ1动作。

❹→❺ 将PLC程序中输入继电器常闭触点X4置"0"，常开触点X4置"1"。

　　→ **5.1** 控制输出继电器Y1的常闭触点X4断开，Y1线圈失电，即KM1线圈失电，电动机停机，小车停止右移。

　　→ **5.2** 控制输出继电器Y3的常开触点X4闭合，Y3线圈得电。

　　→ **5.3** 控制输出继电器T0的常开触点X4闭合，定时器T0线圈得电。

❻ Y3线圈得电和定时器T0线圈得电后，其触点动作。

　　→ **6.1** 控制PLC外接交流接触器KM3线圈得电，开始为小车装料。

　　→ **6.2** 定时器开始计时，计时时间到（延时30 s），其控制输出继电器Y3的延时断开常闭触点T0断开，Y3失电，即交流接触器KM3线圈失电，装料完毕。

（2）运料小车左移和卸料的工作过程

运料小车装料完毕后，需要左移到卸料点，在定时器和卸料继电器的控制下进行卸料，卸料后再右行进行装料。下面介绍一下运料小车左移和卸料的工作过程，如图13-12所示。

6.2→❼ 计时时间到（装料完毕），定时器的延时闭合常开触点T0闭合。

❼→❽ 控制输出继电器Y2的延时闭合常开触点T0闭合。

❽→❾ 输出继电器Y2线圈得电。

　　→ **9.1** 自锁常开触点Y2闭合实现自锁功能。

　　→ **9.2** 控制输出继电器Y1的常闭触点Y2断开，实现互锁，防止Y1得电。

　　→ **9.3** 控制PLC外接交流接触器KM2线圈得电，主电路中的主触点KM2-2闭合，接通电动机电源，电动机启动反向运转，此时小车开始向左移动。

❿ 小车左移至限位开关SQ2处，SQ2动作。

❿→⓫ 将PLC程序中输入继电器常闭触点X5置"0"，常开触点X5置"1"。

　　→ **11.1** 控制输出继电器Y2的常闭触点X5断开，Y2线圈失电，即KM2线圈失电，电动机停机，小车停止左移。

　　→ **11.2** 控制输出继电器Y4的常开触点X5闭合，Y4线圈得电。

　　→ **11.3** 控制输出继电器T1的常开触点X5闭合，定时器T1线圈得电。

⓬ Y4线圈得电和定时器T1线圈得电后其触点动作。

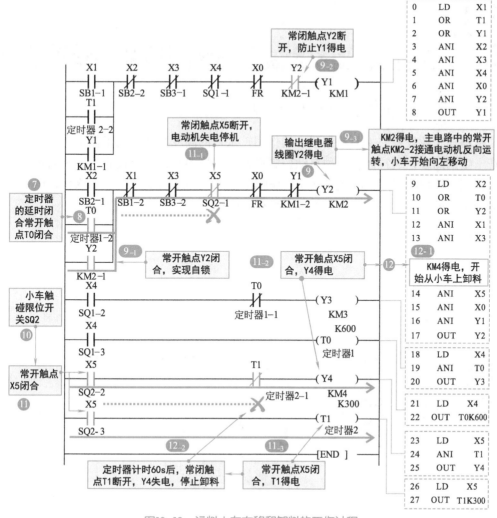

图13-12　运料小车左移和卸料的工作过程

→ ⑫₋₁ 控制PLC外接交流接触器KM4线圈得电，开始从小车上卸料。

→ ⑫₋₂ 定时器开始计时，计时时间到（延时60s），其控制输出继电器Y4的延时断开常闭触点T1断开，Y4失电，即交流接触器KM4线圈失电，卸料完毕。

📖 **提示说明**

计时时间到（装料完毕），定时器的延时闭合常开触点T1闭合，使Y1得电，右移控制继电器KM1得电，主电路的常开主触点KM1-2闭合，电动机再次正向启动运转，小车再次向右移动。如此反复，运料小车即实现了自动控制的过程。

当按下停止按钮SB3后，将PLC程序中输入继电器常闭触点X3置"0"，即常闭触点断开，Y1和Y2均失电，电动机停止运转，此时小车停止移动。

13.5

水塔供水系统的PLC电气控制

13.5.1 水塔供水PLC控制电路的结构

水塔在工业设备中主要起到蓄水的作用，水塔的高度很高，为了使水塔中的水位保持在一定的高度，通常需要一种自动控制电路对水塔的水位进行检测，同时为水塔进行给水控制。图13-13为水塔水位自动控制电路的结构，它是由PLC控制各水位传感器、水泵电动机、电磁阀等部件实现对水塔和蓄水池蓄水、给水的自动控制。

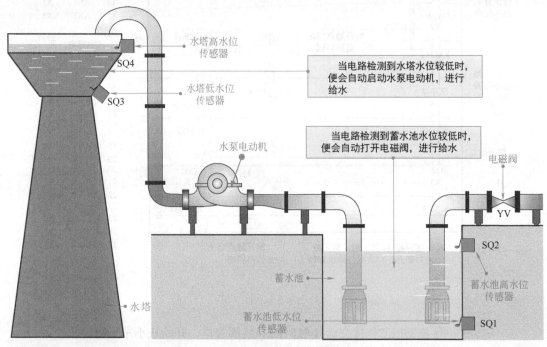

图13-13 水塔水位自动控制系统的结构

图13-14所示为水塔水位自动控制电路中的PLC梯形图和语句表，表13-5所示为PLC的I/O地址分配。结合I/O地址分配表，了解该梯形图和语句表中各触点及符号标识的含义，并将梯形图和语句表相结合进行分析。

表13-5 水塔水位自动控制电路中的PLC梯形图I/O地址分配表（三菱FX$_{2N}$系列PLC）

输入信号及地址编号			输出信号及地址编号		
名称	代号	输入点地址编号	名称	代号	输出点地址编号
蓄水池低水位传感器	SQ1	X0	电磁阀	YV	Y0
蓄水池高水位传感器	SQ2	X1	蓄水池低水位指示灯	HL1	Y1
水塔低水位传感器	SQ3	X2	接触器	KM	Y2
水塔高水位传感器	SQ4	X3	水塔低水位指示灯	HL2	Y3

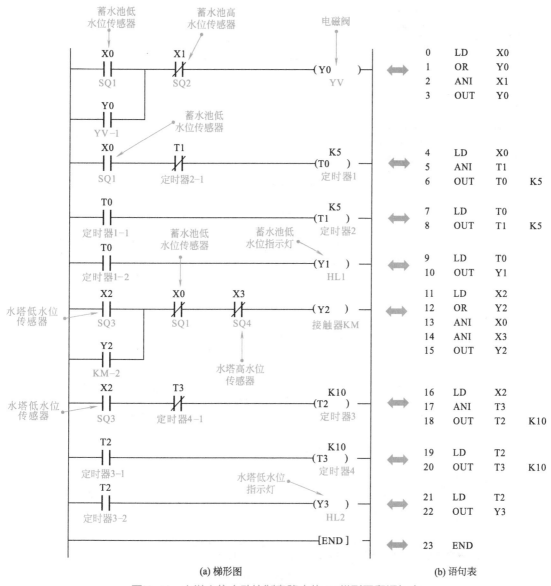

(a) 梯形图　　　　　　　　　　(b) 语句表

图13-14　水塔水位自动控制电路中的PLC梯形图和语句表

13.5.2　水塔供水PLC控制电路的控制过程

（1）水塔水位过低的控制过程

当水塔水位低于水塔低水位，并且蓄水池水位高于蓄水池低水位时，控制电路便会自动启动，水泵电动机开始给水，图13-15为水塔水位过低的控制过程。

❶ 水塔水位低于低水位传感器SQ3，SQ3动作。

❶ → ❷ 将PLC程序中的输入继电器常开触点X2置"1"。

　　→ ❷-₁ 控制输出继电器Y2的常开触点X2闭合。

　　→ ❷-₂ 控制定时器T2的常开触点X2闭合。

❸ 蓄水池水位高于蓄水池低水位传感器SQ1，SQ1不动作。

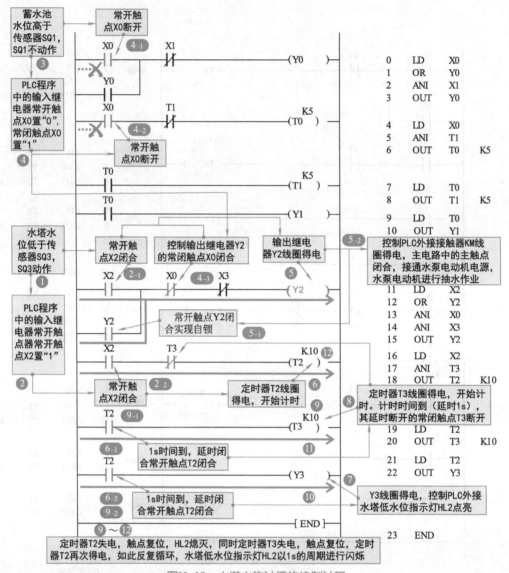

图13-15 水塔水位过低的控制过程

③→④ 将PLC程序中的输入继电器常开触点X0置"0"，常闭触点X0置"1"。

→ ④₋₁ 控制输出继电器Y0的常开触点X0断开。

→ ④₋₂ 控制定时器T0的常开触点X0断开。

→ ④₋₃ 控制输出继电器Y2的常闭触点X0闭合。

②₋₁ + ④₋₃ → ⑤ 输出继电器Y2线圈得电。

→ ⑤₋₁ 自锁常开触点Y2闭合实现自锁功能。

→ ⑤₋₂ 控制PLC外接接触器KM线圈得电，带动主电路中的主触点闭合，接通水泵电动机电源，水泵电动机进行抽水作业。

②₋₂ → ⑥ 定时器T2线圈得电，开始计时。

→ ⑥₋₁ 计时时间到（延时1s），其控制定时器T3的延时闭合常开触点T2闭合。

→ ⑥₋₂ 计时时间到（延时1s），其控制输出继电器Y3的延时闭合的常开触点T2闭合。

⑥₋₂→⑦ 输出继电器Y3线圈得电，控制PLC外接水塔低水位指示灯HL2点亮。

⑥₋₁→⑧ 定时器T3线圈得电，开始计时。计时时间到（延时1 s），其延时断开的常闭触点T3断开。

⑧→⑨ 定时器T2线圈失电。

　　→⑨₋₁ 控制定时器T3的延时闭合的常开触点T2复位断开。

　　→⑨₋₂ 控制输出继电器Y3的延时闭合的常开触点T2复位断开。

⑨₋₂→⑩ 输出继电器Y3线圈失电，控制PLC外接水塔低水位指示灯HL2熄灭。

⑨₋₁→⑪ 定时器线圈T3失电，延时断开的常闭触点T3复位闭合。

⑪→⑫ 定时器T2线圈再次得电，开始计时。如此反复循环，水塔低水位指示灯HL2以1 s的周期进行闪烁。

（2）水塔水位高于水塔高水位时的控制过程

水泵电动机不停地往水塔中注入清水，直到水塔水位高于水塔高水位传感器时，才会停止注水。图13-16为水塔水位高于水塔高水位时的控制过程。

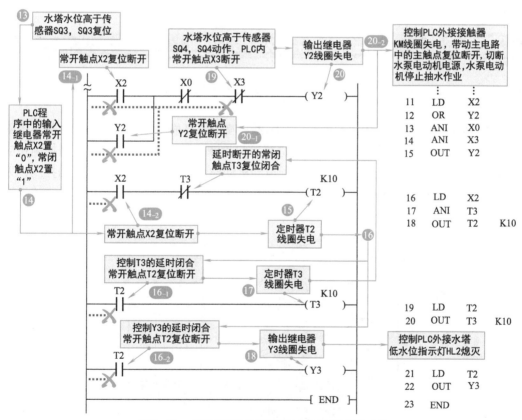

图13-16　水塔水位高于水塔高水位时的控制过程

⑬ 水塔水位高于低水位传感器SQ3，SQ3复位。

⑬→⑭ 将PLC程序中的输入继电器常开触点X2置"0"，常闭触点X2置"1"。

　　→⑭₋₁ 控制输出继电器Y2的常开触点X2复位断开。

　　→⑭₋₂ 控制定时器T2的常开触点X2复位断开。

⑭₋₂→⑮ 定时器T2线圈失电。

⑮→⑯ 定时器T2相应触点动作。

　　→⑯₁ 控制定时器T3的延时闭合常开触点T2复位断开。

　　→⑯₂ 控制输出继电器Y3的延时闭合的常开触点T2复位断开。

⑯₁→⑰ 定时器线圈T3失电，延时断开的常闭触点T3复位闭合。

⑯₂→⑱ 输出继电器Y3线圈失电，控制PLC外接水塔低水位指示灯HL2熄灭。

⑲ 水塔水位高于水塔高水位传感器SQ4，SQ4动作，将PLC程序中的输入继电器常闭触点X3置"0"，即常闭触点X3断开。

⑲→⑳ 输出继电器Y2线圈失电。

　　→⑳₁ 自锁常开触点Y2复位断开。

　　　　→⑳₂ 控制PLC外接接触器KM线圈失电，带动主电路中的主触点复位断开，切断水泵电动机电源，水泵电动机停止抽水作业。

13.6

汽车自动清洗系统的PLC电气控制

13.6.1　汽车自动清洗PLC控制电路的结构

　　汽车自动清洗系统是由PLC可编程控制器、喷淋器、刷子电动机、车辆检测器等部件组成的，当有汽车等待冲洗时，车辆检测器将检测信号送入PLC，PLC便会控制相应的清洗机电动机、喷淋器电磁阀以及刷子电动机动作，实现自动清洗、停止的控制，采用PLC的自动洗车系统可节约大量的人力、物力和自然资源。图13-17为汽车自动清洗控制电路的结构。

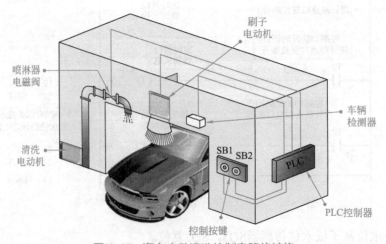

图13-17　汽车自动清洗控制电路的结构

　　图13-18为汽车自动清洗控制电路的PLC梯形图和语句表，表13-6所示为PLC的I/O地

址分配表。结合I/O地址分配表，了解该梯形图和语句表中各触点及符号标识的含义，并将梯形图和语句表相结合进行分析。

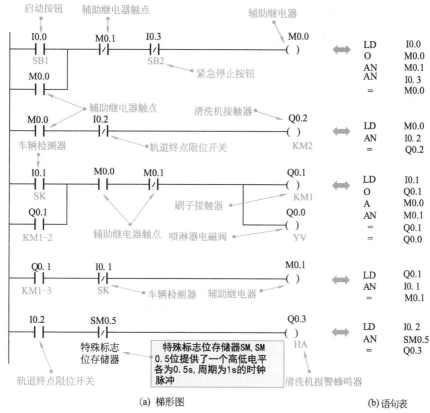

(a) 梯形图   (b) 语句表

图13-18 汽车自动清洗控制电路的PLC梯形图和语句表

表13-6 汽车自动清洗控制电路中PLC梯形图I/O地址分配表（西门子S7-200系列）

输入信号及地址编号			输出信号及地址编号		
名称	代号	输入点地址编号	名称	代号	输出点地址编号
启动按钮	SB1	I0.0	喷淋器电磁阀	YV	Q0.0
车辆检测器	SK	I0.1	刷子接触器	KM1	Q0.1
轨道终点限位开关	SQ	I0.2	清洗机接触器	KM2	Q0.2
紧急停止按钮	SB2	I0.3	清洗机报警蜂鸣器	HA	Q0.3

13.6.2 汽车自动清洗PLC控制电路的控制过程

（1）车辆清洗的控制过程

检测器检测到待清洗的汽车，按下启动按钮就可以开始自动清洗过程，图13-19为车辆清洗的控制过程。

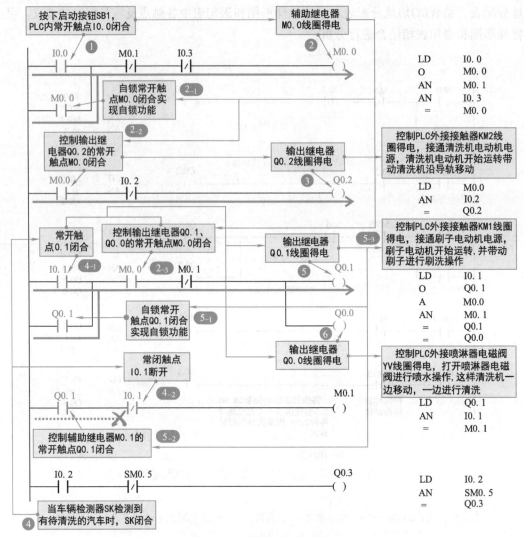

图13-19　车辆清洗的控制过程

❶ 按下启动按钮SB1，将PLC程序中的输入继电器常开触点I0.0置"1"，即常开触点I0.0闭合。

❶→❷ 辅助继电器M0.0线圈得电。

→ ②₋₁ 自锁常开触点M0.0闭合实现自锁功能。

→ ②₋₂ 控制输出继电器Q0.2的常开触点M0.0闭合。

→ ②₋₃ 控制输出继电器Q0.1、Q0.0的常开触点M0.0闭合。

②₋₂→❸ 输出继电器Q0.2线圈得电，控制PLC外接接触器KM2线圈得电，带动主电路中的主触点闭合，接通清洗机电动机电源，清洗机电动机开始运转，并带动清洗机沿导轨移动。

❹ 当车辆检测器SK检测到有待清洗的汽车时，SK闭合，将PLC程序中的输入继电器常开触点I0.1置"1"，常闭触点I0.1置"0"。

→ ④₋₁ 常开触点I0.1闭合。

→ ④₋₂ 常闭触点I0.1断开。

2.₃ + **4.₁** → **5** 输出继电器Q0.1线圈得电。

→ **5.₁** 自锁常开触点Q0.1闭合实现自锁功能。

→ **5.₂** 控制辅助继电器M0.1的常开触点Q0.1闭合。

→ **5.₃** 控制PLC外接接触器KM1线圈得电，带动主电路中的主触点闭合，接通刷子电动机电源，刷子电动机开始运转，并带动刷子进行刷洗操作。

2.₃ + **4.₁** → **6** 输出继电器Q0.0线圈得电，控制PLC外接喷淋器电磁阀YV线圈得电，打开喷淋器电磁阀，进行喷水操作，这样清洗机一边移动，一边进行清洗操作。

（2）车辆清洗完成的控制过程

车辆清洗完成后，检测器没有检测到待清洗的车辆，控制电路便会自动停止系统工作。图13-20为车辆清洗完成的控制过程。

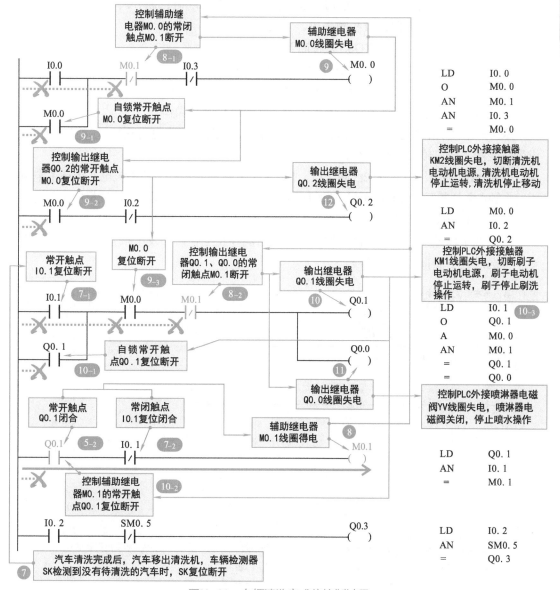

图13-20 车辆清洗完成的控制过程

⑦ 汽车清洗完成后，汽车移出清洗机，车辆检测器SK检测到没有待清洗的汽车时，SK复位断开，PLC程序中的输入继电器常开触点I0.1复位置"0"，常闭触点I0.1复位置"1"。

→ ⑦₋₁ 常开触点I0.1复位断开。

→ ⑦₋₂ 常闭触点I0.1复位闭合。

⑤₋₂ + ⑦₋₂ → ⑧ 辅助继电器M0.1线圈得电。

→ ⑧₋₁ 控制辅助继电器M0.0的常闭触点M0.1断开。

→ ⑧₋₂ 控制输出继电器Q0.1、Q0.0的常闭触点M0.1断开。

⑧₋₁ → ⑨ 辅助继电器M0.0失电。

→ ⑨₋₁ 自锁常开触点M0.0复位断开。

→ ⑨₋₂ 控制输出继电器Q0.2的常开触点M0.0复位断开。

→ ⑨₋₃ 控制输出继电器Q0.1、Q0.0的常开触点M0.0复位断开。

⑧₋₂ → ⑩ 输出继电器Q0.1线圈失电。

→ ⑩₋₁ 自锁常开触点Q0.1复位断开。

→ ⑩₋₂ 控制辅助继电器M0.1的常开触点Q0.1复位断开。

→ ⑩₋₃ 控制PLC外接接触器KM1线圈失电，带动主电路中的主触点复位断开，切断刷子电动机电源，刷子电动机停止运转，刷子停止刷洗操作。

⑧₋₂ → ⑪ 输出继电器Q0.0线圈失电，控制PLC外接喷淋器电磁阀YV线圈失电，喷淋器电磁阀关闭，停止喷水操作。

⑨₋₂ → ⑫ 输出继电器Q0.2线圈失电，控制PLC外接接触器KM2线圈失电，带动主电路中的主触点复位断开，切断清洗机电动机电源，清洗机电动机停止运转，清洗机停止移动。

（3）车辆清洗过程中的报警控制过程

若清洗车辆过程中发生异常，控制电路会自动停止工作，并发出报警声。图13-21为车辆清洗过程中的报警控制过程。

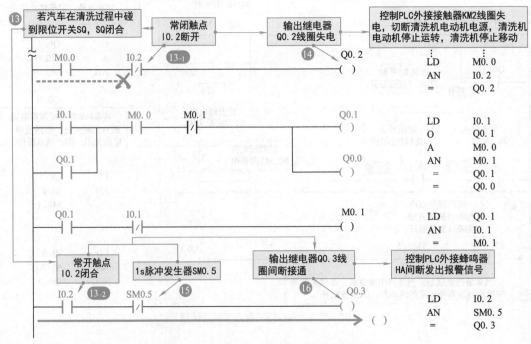

图13-21　车辆清洗过程中的报警控制过程

⑬ 若汽车在清洗过程中碰到轨道终点限位开关SQ，SQ闭合，将PLC程序中的输入继电器常闭触点I0.2置"0"，常开触点I0.2置"1"。

→ ⑬₋₁ 常闭触点I0.2断开。

→ ⑬₋₂ 常开触点I0.2闭合。

⑬₋₁→⑭ 输出继电器Q0.2线圈失电，控制PLC外接接触器KM2线圈失电，带动主电路中的主触点复位断开，切断清洗机电动机电源，清洗机电动机停止运转，清洗机停止移动。

⑮ 1s脉冲发生器SM0.5。

⑬₋₂+⑮→⑯ 输出继电器Q0.3间断接通，控制PLC外接蜂鸣器HA间断发出报警信号。